兽医临床诊疗技术与应用

王显峰　董国权　田 梅 ◎ 编

中国农业科学技术出版社

图书在版编目（CIP）数据

兽医临床诊疗技术与应用/王显峰，董国权，田梅

编．— 北京：中国农业科学技术出版社，2020.7

ISBN 978-7-5116-4833-4

Ⅰ．①兽… Ⅱ．①王… ②董… ③田… Ⅲ．①兽医学

－诊疗 Ⅳ．① S854

中国版本图书馆 CIP 数据核字 (2020) 第 112547 号

责任编辑	闫庆健　马维玲
责任校对	马广洋
出 版 者	中国农业科学技术出版社
	北京市中关村南大街 12 号　邮编：100081
电　　话	（010）82106632（编辑室）（010）82109704（发行部）
传　　真	（010）82106625
网　　址	http://www.castp.cn
经 销 者	各地新华书店
印 刷 者	北京建宏印刷有限公司
开　　本	787 mm×1092 mm　1/16
印　　张	7.75
字　　数	120 千字
版　　次	2020 年 7 月第 1 版　2020 年 7 月第 1 次印刷
定　　价	48.00 元

前 言

　　兽医临床诊疗技术是研究动物疾病诊疗方法和理论的学科，是运用兽医学的基本理论、基本知识和基本技能对疾病进行诊断治疗的一门学科。通过询问病史、临床检查、实验室检查和特殊检查等各种方法，详细全面地检查病畜，运用所学的基础兽医学理论阐明病畜临床表现的病理生理学基础，确定疾病的性质和类别，并提出可能性的诊断，进而采取有效的防治措施，制订合理的饲养管理方案，以达到防治动物疾病、保护动物健康、促进养殖业发展的最终目的。

　　本书首先对兽医临床诊疗技术的基本理论进行了简单概述，然后介绍了兽医临床诊断的基础知识，进而对整体及一般检查与系统临床检查进行了分析，接下来对兽医技术临床应用做了具体分析，最后对畜禽传染病的诊断与防控提出了具体办法。

　　本书在编写的过程中，许多同事提供了大量的资料，在此表示衷心的感谢。由于时间紧，工作量大，书中难免会出现错误及不足之处，恳请读者批评指正。

编　者

2020 年 5 月

目　录

第一章　兽医临床诊断基础知识 ···1

　　第一节　临床诊断的基本方法 ··3

　　第二节　临床检查的步骤 ···9

　　第三节　建立诊断的方法和原则 ······································11

第二章　整体及一般检查 ···13

　　第一节　整体状态的检查 ··15

　　第二节　表被状态的检查 ··20

　　第三节　可视黏膜的检查 ··26

　　第四节　体表淋巴结的检查 ··29

　　第五节　体温、脉搏、呼吸数的测定 ··································31

第三章　系统临床检查 ···37

　　第一节　消化系统的临床检查 ··39

　　第二节　血管系统的临床检查 ··55

　　第三节　泌尿、生殖器官的临床检查 ··································59

　　第四节　呼吸系统的临床检查 ··68

　　第五节　神经系统的临床检查 ··79

第四章　兽医技术临床应用 ···83

　　第一节　投药技术 ··85

　　第二节　注射技术 ··95

　　第三节　穿刺技术 ···110

参考文献 ···117

第一章　兽医临床诊断基础知识

第一节　临床诊断的基本方法

兽医临床诊断是以各种畜禽为对象，从临床实践出发，研究其疾病的诊断方法。通过详细的诊查，获得详尽而全面的症状资料，再经对有关症状资料的综合分析，弄清疾病的实质。诊断的过程也就是诊查、认识、判断和鉴别疾病的过程。诊断的目的是揭示疾病的实质，掌握疾病的发生及发展规律，依此确定科学的防治措施。

随着现代科学技术的发展，应用于临床实践的检查方法很多，目前普遍采用物理检查法，根据诊断的需要，配合应用一些特殊检查法和辅助检查法是十分必要的。

基本的临床检查法主要包括：问诊、视诊、触诊、叩诊、听诊和嗅诊，这些方法简单、方便、实用，不需要特殊的器械，广泛地应用于临床实践中。

一、问诊

就是以询问的方式，听取畜主或饲养管理人员关于病畜发病情况和经过的介绍。问诊的主要内容包括病畜登记、了解病史以及饲养管理情况。

1. 病畜登记

系统地将病畜所属单位、畜别、品种、性别、毛色、用途等与诊疗有关的信息记录下来。

2. 了解病史

病畜登记后，立即向畜主询问病畜的发病经过情况。询问的重点是发病的时间、地点，发病后表现的症状；目前与开始发病时疾病程度的比较，是减轻还是加重，又出现了什么新的症状等；是否经过治疗，用的什么药，采取何种方法，治疗效果如何等；畜群中同种牲畜是否有类似疾病的发生，发病多少，死亡情况如何，死后尸体怎样处理的，在附近场、户有什么疾病流行等。

3. 饲养管理情况

了解病畜日粮种类、数量与质量。如饲料品质不佳与口粮配合不当，往往是引起营养不良、消化紊乱等代谢疾病的根本原因；饲料发霉，加工或调制方法的失误，可成为饲料中毒的条件。畜舍的卫生和环境条件、运动场、牧场的地理情况、附近厂矿的"三废"（废水、废气及废物）的处理等，在推断病因上，应给予特别注意。此外，对牲畜的使役、奶牛的泌乳量、运动情况，以及畜群组成和繁育方法，都需通过问诊的方式了解。

问诊的内容广泛，要有针对性地询问。问诊的态度要诚恳热情，对问诊材料的评估应客观，并取其有用的部分。

二、视诊

视诊是接触病畜，进行客观检查的第一个步骤。用肉眼直接观察或利用内窥镜等器械间接地观察病畜的状态和病变，经常可获得很重要的症状信息。

1. 观察其整体状态

如体格的大小，发育的程度，营养的状况，体质的强弱，躯体的结构，胸腹及肢体的匀称性等。一般急性病，如急性瘤胃鼓气、急性炭疽，病畜体况仍然肥壮；而一般慢性病，如代谢性疾病、寄生虫病等，病畜体多表现瘦弱。

2. 观察其精神及体态、姿势、运动和行为

如精神沉郁或兴奋，静止时的姿势改变或运动中步态的变化，是否有瘸腿、腹痛不安等病理性行为等。

3. 发现被毛和黏膜的病变

健康动物被毛平整，富有光泽，不易脱落，结膜粉红色；而患病动物，被毛粗乱蓬松，失去光泽，结膜出现蓝紫、潮红、发黄以及出血点或出血斑。

4. 了解体表的创伤、溃疡、肿物等

察看外科病变的位置、大小、形状和特点，以及皮肤的颜色及特性。

5. 检查某些与外界交通的体腔

如口腔、鼻腔、咽喉及阴道等。注意其黏膜的颜色改变及完整性的破坏，确定其分泌物、渗出物的数量、性质及其混杂物。

6. 注意某些生理活动的异常

如呼吸是否正常，有无不正常喘气或咳嗽，采食、咀嚼、吞咽、反刍等有无障碍，了解有无呕吐、腹泻，排粪、排尿的状态及粪便、尿液的数量、性质与混有物。

视诊应在光线充足的适宜场地进行。一般来说是先群体后个体，先整体后局部，逐渐缩小诊断范围。意思就是，对群居家畜来说，要先观察整个群体，发现其中的患病个体；对于单个病畜进行视诊时，首先要整体观察，然后再对发病部位认真仔细地检查。具体的方法是，检查者站在病畜左前 1~2m 的地方，观察病畜的精神、营养、姿势、被毛，然后由前向左后方边走边看。走到正后方时，特别应注意观察尾部、会阴部，并对照观察胸部、腹部及臀部状态和对称性，再由右侧到正前方。最后牵遛、观察步样，然后详细观察病畜被毛、皮肤、黏膜、粪尿等情况。视诊观察力的敏锐性及判断的准确性，必须在经常不断的临诊实践中，加以锻炼与提高。

三、触诊

主要是用于直接触摸并稍加压力，以便确定被检查的各个器官或组织是否正常。

1. 检查动物的体表状态

如体表的温度、湿度，皮肤与皮下组织的厚度、弹性、硬度；浅在淋巴结及局部病变（肿物）的大小、形状、位置、温度、移动性和疼痛反应等。

2.感知动物心搏动

反刍动物瘤胃的生理性或病理性冲动。如在心区检查心搏动（大家畜以浅在动脉的脉搏代替），判定其强度、频率及节律；检查反刍动物瘤胃，判定其蠕动次数及力量强度。

3.腹部触诊

除可判定腹壁的紧张度及敏感性外，牛或其他中小动物，可通过软腹壁进行深部触诊，感知腹膜状态，胃的内容物与性状，肝、脾的边缘及硬度，肾脏、膀胱以及母畜子宫与妊娠情况；对马属动物，通过直肠进行内部触诊，这对后部腹腔器官与盆腔器官的疾病诊断十分重要，特别在马、骡腹痛病的诊断及产科学上的应用尤具特殊意义。

4.触诊也是一种机械刺激

根据动物对此刺激所表现的反应，来断定其感受力与敏感性，借此确定疾病发生的部位。如检查胸壁、网胃或肝区的疼痛反应，腰背与脊髓的反射，体表局部病变的敏感性等。

检查体表的温、湿度，应以手背进行；检查局部与肿物的硬度和性状，应以手指进行轻压或揉捏；以刺激为目的而欲判定病畜的敏感性时，在触诊的同时须注意病畜的反应及头部、肢体的动作；内脏器官的深部触诊包括按压触诊法（把手掌平放于被检部位，轻轻按压，以感知其内容物的性状与敏感性；适用于胸、腹壁及中小动物腹腔器官和内容物的检查），冲击触诊法（以拳或手掌在被检部位连续 2~3 次用力冲击，以感知腹腔深部器官的性状与腹膜腔的状态），切入触诊法（以一个或几个并拢的手指，沿一定部位进行切入，以感知内部器官的性状，适用于肝、脾边缘的检查）。

为了检查某些管道（如食管、瘘管等）的情况，可借助探管或探针来进行间接触诊。

四、叩诊

叩诊是对动物体表的某一部位进行叩击，借以引起其振动并发生音响，根据产生音响的特性，去判断被检查的器官、组织的物理状态的一种方法。叩诊可分为直接叩诊法和间接叩诊法。

1. 直接叩诊法

即用一个或数个并拢且呈屈曲的手指，向动物体表的一定部位轻轻叩击。可用于检查肠鼓气时的鼓响音及弹性，诊查鼻窦、喉囊时也可用之。

2. 间接叩诊法

其特点是在被叩击的体表部位，先放一振动能力较强的附加物，而后向这一附加物体上叩击。间接叩诊的具体方法，主要有指指叩诊法及锤板叩诊法。前者以检查者左手的中指代替叩诊板；后者的叩诊锤一般是金属制作，在它的顶端嵌有软硬适度的橡胶头。小动物常用指指叩诊，大动物使用叩诊器叩诊。根据被叩组织是否含有气体以及含气量的多少，可分为以下几种。

（1）清音。叩击健康动物的肺呈清音。其特征是音响强、音调低、清晰而持续时间长。

（2）浊音。叩击不含气体组织（臀部肌肉）呈浊音。其特征是音调低、音响弱而钝，肺部大面积炎症浸润时叩诊呈浊音。

（3）半浊音。介于清音与浊音之间的声音。其特征是音响较弱，稍带清音调，叩打肺缘时呈半浊音。

（4）鼓音。叩击含有多量气体而组织弹性稍松弛的空腔呈鼓音。其特征是振动有规则，类似敲鼓的声音。健康牛、羊的瘤胃及马的盲肠基底部呈鼓音。

叩诊时宜在肃静场地进行。叩击时间间隔均等。叩诊力量大小要一致，必要时进行对照叩诊。

五、听诊

听诊就是听取动物心、肺、胃肠等器官在生理、病理情况发生的音响，根据音响的性质以判断发病器官的病理变化。直接用耳听取音响的，称为直接听诊，主要用于听取病畜的喘气、咳嗽、嗳气、磨牙等声音。用听诊器进行听诊的称为间接听诊，主要用于心、肺及胃肠的检查。

听诊应选择安静的场所进行，检查时注意力集中，应熟悉正常的各种声音以区别各病理音响。

六、嗅诊

　　嗅诊是用鼻嗅闻患畜的排泄物、分泌物、呼出气味以及深入畜舍了解卫生情况，检查是否发霉等的一种方法。动物患肺坏疽时鼻液带有腐败性恶臭；动物患酮血病时呼出气体带有丙酮味；动物患胃肠炎时粪便腥臭或恶臭；动物患尿毒症时皮肤及汗液有尿臭味。

第二节　临床检查的步骤

一、病畜禽登记

病畜禽登记的内容包括：畜主的姓名、住址，动物的种类、品种、用途、性别、年龄、毛色等。通过登记，一方面可了解病畜的个体特征，另一方面对疾病的诊治也可提供帮助。因为动物的种类、品种、用途、性别、年龄、毛色不同，在患病方面有所侧重，对疾病的抵抗力、易感性、耐受性等都有较大差异。

二、问诊及发病情况调查

1. 询问发病时间

据此可推断是急性病或慢性病，是否继发或并发其他病。

2. 了解发病时的主要表现

了解病畜采食、饮水、排粪、排尿情况，有无腹痛、腹泻、咳嗽等，现在有何变化，借以弄清疾病的发展情况。

3. 调查该病是否已经治疗

如果已经治疗，用的是什么药，剂量如何，处置方法怎么样，效果如何。借此可弄清是否因用药不当使病情复杂化，同时对再用药提供参考。

三、流行病学调查

1. 调查是否属于传染病

调查过去是否患过同样的病，附近家畜有无同样的病，有无新引进家畜，发病率和死亡率如何，据此可了解是否属于传染病。

2.调查卫生防疫情况

是否因卫生较差、防疫不当或失败而造成疾病的流行。

3.调查其他情况

了解饲养管理、使役情况，以及繁育方式和配种制度等。

四、现症检查

现症检查包括以下两个方面内容。

1.一般检查

包括整体状态检查，被毛、皮肤、可视黏膜、体表淋巴结及淋巴管、体温、呼吸和脉搏的检查。

2.系统检查

包括消化系统、呼吸系统、心血管系统、泌尿生殖系统以及神经系统的检查等。

五、辅助或特殊检查

辅助或特殊检查，包括实验室检查（血液、粪便、尿液的常规化验，肝功能化验等）、X线检查、心电图检查、超声探查、同位素检查、直肠检查、组织器官穿刺液检查等。

第三节　建立诊断的方法和原则

一、建立诊断的方法

对收集到的临床症状资料进行归纳和整理，建立诊断。建立诊断的具体方法，包括论证诊断法和鉴别诊断法。

1. 论证诊断法

就是将动物实际所具有的症状、资料去和所提出的疾病所应具备的症状、条件加以比较、核对、证实。若全部、大部及主要症状和条件相符合，所有现象、变化均可用该病予以解释，则这一诊断即可成立。当疾病的病象已经充分显露，并可表现有反映某个疾病本质的特殊症状时，即可依此而提出某一疾病的诊断。

2. 鉴别诊断法

在疾病初期，对复杂的或不典型的病例，或当缺乏足以提示明确诊断的症状，可根据某一或某几个主要症状，提出一组可能的、相似的而有待区别的疾病。通过深入的分析、比较，采用排除诊断法，逐渐地排除可能性较小的疾病，缩小考虑的范围，最后留存一个（或几个）可能性较大的疾病。

论证诊断法与鉴别诊断法两者是相互补充、相辅相成的。当提出有几种疾病的可能性诊断时，首先进行比较、鉴别，一一排除，再对最后留存的可能性疾病，加以论证；当提出某一种疾病的可能性诊断时，主要通过论证方法，并与近似的疾病加以区别而肯定或否定。

经论证、鉴别及鉴别、论证的过程，假定的可能性诊断即成为初步诊断。

二、建立诊断的原则

提出诊断时，先从多发、常见的疾病考虑，如马易得传染性贫血病，猪易患猪瘟和喘气病，牛易发生结核等。此外，北方役马常患肢蹄病，而高产奶牛则常出现酮血症和乳腺炎。然后考虑动物性别、年龄以及外界环境、条件因素对疾病的影响。如公畜易患睾丸炎、尿道结石；母畜常有子宫、阴道和乳房疾患；新生仔猪出现黄痢；2 至 4 月龄的离乳猪常出现水肿病和副伤寒；猪瘟、口蹄疫等则不受年龄限制，大小猪都可发病；春、秋气候多变季节常发生呼吸器官疾患；日射病和热射病在炎热的夏天多发生；冬季因寒冷常见风湿和四肢疾病。

在一定地区内，也常因其气候、土质、饲料营养成分等多方面因素而有其地区性的常发病、寄生虫病、代谢病及中毒病等。

提出诊断时必须考虑是否有传染病的可能。传染病的危害性最大，因此在提出诊断时要经常考虑是否有传染病；如某些大肠杆菌病、副伤寒、传染性胃肠炎等表现消化系统功能紊乱的症状，很像普遍的胃肠道疾病。在有传染病和普通病的双重可能时，应先假定是传染病，并进一步着重于流行病学的调查，注意易感动物的发病情况，或采取特异性检查，据此与普通病相区别。

注意并发病或继发病。同一病畜可能患有几种疾病，既有主要疾病又有并发病或在原发病的基础上继发某种疾病，表现症状极为复杂，常常主次颠倒。如产后血钙浓度下降的病犬，表现的临床症状为高温、呼吸极度困难、抽搐等。如不查明血钙浓度下降这个原发病，而从临床表现错诊为传染病，显然不能达到治疗效果，同时延误治疗时间。

综上所述，在建立诊断时，一般先从常见、多发疾病着手，然后考虑稀有、少见的疾病；先从传染病着手，其次考虑普通病；在同一病畜身上，先考虑单一疾病，再想到复杂疾病；当有几种疾病的可能性诊断时，须通过鉴别诊断过程，提出假设诊断，加以讨论作为初步诊断。

第二章　整体及一般检查

第一节 整体状态的检查

一、精神状态

精神状态是指中枢神经系统的机能状态。可根据动物对外界刺激的反应能力和行为表现来判定。健康动物中枢神经系统的兴奋与抑制两个过程始终保持着动态平衡，即在静止时较安静，运动时较灵活，对外界刺激反应较敏感。例如，双耳竖立，两眼有神，昂首挺胸，运步自如。

当中枢神经机能发生障碍时，兴奋和抑制两个过程的平衡状态被破坏，动物表现过度的兴奋或抑制。因为任何疾病都或轻或重地影响中枢神经机能，所以临床表现轻重不同的神经症状。因此，临床检查病畜时，首先要注意病畜精神状态的检查。

（一）兴奋

兴奋是中枢神经系统机能亢进的结果。轻者惊恐不安；重者狂躁不驯，向前猛冲，不顾障碍地攀登饲槽，对外界轻微刺激，如声响或触摸，即表现左顾右盼，竖耳，刨地，甚至惊慌而挣脱缰绳逃跑；在牛则瞪眼、凝视、哞叫；犬则四处乱跑、狂吠不止。主要见于脑脊脑膜充血及颅内压增高的疾病。如脑炎、脑膜炎、日射病、热射病、中毒及某些传染病的初期。如同时伴有踢咬和攻击人畜现象，则是狂犬病的特征。

（二）抑制

抑制是中枢神经系统机能降低的结果。按其程度不同可分为以下几点。

1. 沉郁

沉郁是中枢神经轻度抑制的现象。病畜表现精神萎靡、耳聋头低、两眼半闭，对外界刺激反应迟钝，对周围环境冷漠无情。猪则表现离群、向隅、喜卧，头钻草堆；鸡则表现缩颈、闭目、毛逆立、两翅下垂。主要见于一般热性病、一般普通病、慢性消耗性疾病及衰竭性疾病。

2. 昏睡

昏睡是中枢神经中度抑制的现象。病畜表现卧地不起，闭眼嗜睡，强刺激下才能引起一时性的苏醒，随后又陷入昏睡状态。主要见于重症脑病及中毒，例如，马的慢性脑室积水。

3. 昏迷

昏迷是中枢神经高度抑制的现象。病畜表现卧地不起，意识不清，昏迷不醒，呼唤不应，强刺激下毫无反应或仅保留少量的反射功能。主要见于上述疾病的后期，在虚脱、休克时也可出现。昏迷常是预后不良的征兆。

总之，兴奋和抑制的出现，是脑病的指标，二者可相互转化，不能绝对地看问题。某些时候同一种疾病兴奋和抑制会同时出现，例如，猪的李氏杆菌病和狗的狂犬病。

二、营养状态

营养状态与动物机体的代谢机能和日常的饲养管理密切相关，通常根据肌肉的丰满程度，皮下脂肪的蓄积量及被毛状态来判定。一般用视诊或触诊进行（长毛动物用触诊）。大猪应该注意其臀部，仔猪应该同窝仔猪比较；骆驼应该注意驼峰；大尾羊应该根据其尾巴的丰满程度；马、牛通过观察躯体的轮廓；家禽除观察羽毛状态外，应通过触诊胸肌来判定。

营养程度的判定，临床上常分为三级或以膘成表示：营养良好（八九成膘），营养中等（六七成膘），营养不良（五成膘以下）。

营养良好的家畜，表现被毛光滑，肌肉丰满，皮肤富有弹性，皮下脂肪充实，骨不外露。

营养不良的家畜，表现被毛粗乱无光泽，皮肤干燥无弹性，棱角分明，肋骨可数。营养不良是动物临床常见的症状。如果病畜短时间内迅速消瘦，见于急性高热性疾病，如急性胃肠炎；如果病畜逐渐消瘦，见于慢性消耗性疾病，如结核病；高度消瘦是恶病质的表现，多预后不良。发育良好的家畜，其体躯高大，结构匀称，肌肉结实，给人以强壮有力的印象。强壮的体格，不仅生产性能良好，而且对疾病的抵抗力也强。发育不良的家畜，多表现躯体矮小，结构不匀称，特别是幼畜阶段，常呈发育迟缓或发育停滞，例如，幼畜的佝偻病，在体格矮小的同时其体躯结构明显改变，表现头大颈短、关节粗大、肢体弯曲、脊柱凹凸等。肥胖主要是由于饲喂过度和运动不足引起，对于种用家畜应该注意，因为肥胖影响其繁殖性能。

三、姿势

姿势是指动物在静止时或运动中的空间位置及其体态表现。

健康状态下，各种动物都有其特定的生理姿势且随着生理需要而改变，站立时昂首挺胸，二目有神；运动时动作协调，自然流畅。病理情况下，如中枢神经系统疾病，骨骼、肌肉或内脏器官疼痛性疾病及外周神经麻痹时出现异常姿势。临床上应着重检查有无强迫姿势，因为根据强迫姿势，常可确诊疾病，临床上常见的异常姿势有以下几种。

（一）站立姿势

典型的木马状站立姿势：呈头颈平伸、肢体僵硬、四肢关节不能屈曲、尾根挺起、鼻孔开张、瞬膜露出、牙关紧闭等形象，此乃破伤风特征，是全身骨骼肌强直的结果。

1. 站立不安

常见的疾病有马腹痛病、牛子宫扭转、瘤胃积食等，由于腹腔脏器疼痛，动物表现起卧不安、回头顾腹、前肢刨地、后肢踢腹，甚至倒地滚转；中枢神经系统疾病，特别是小脑损伤时，由于躯体平衡失调，动物表现站立不稳，躯体歪斜，四肢叉开，倚墙靠物；骨软症及风湿症时，由于关节、肌肉疼痛，动物表现四肢频繁交替负重。

2. 四肢疼痛性疾病站立姿势

单肢疼痛——患肢提举；两前肢疼痛——两后肢前移；两后肢疼痛——两前肢后送；多肢疼痛——四肢频繁交替负重。主要见于四肢、骨骼、关节及肌肉的带痛性疾病、风湿症和骨软病等。

（二）运动姿势

运动姿势异常主要表现强迫运动。强迫运动是指由于脑机能障碍所引起的不自主运动，常见的有盲目运动、圆圈运动、时针运动、暴进暴退、共济失调及跛行等。

1. 盲目运动

病畜无目的地徘徊走动，常数小时不止，无视周围事物，对外界刺激反应冷漠。一般在脑病或脑脊髓受损伤时出现，主要见于脑和脑膜充血及炎症、流行性脑炎、乙型脑炎等。

2. 圆圈运动

病畜按一定方向做圆圈运动，圆圈的直径或者不变，或者逐渐缩小。前庭核的一侧性受损伤则向患侧做圆圈运动；四叠体后部至脑桥的一侧损伤则向健侧做圆圈运动；大脑皮质的两侧性损伤可向任何一侧做圆圈运动。主要见于流脑、乙脑、狂犬病及猪的水肿病等。反复出现盲目运动或圆圈运动的，可见于颅内占位性病变，如牛羊的多头蚴病、猪脑囊虫病。

3. 时针运动

以一肢为轴，呈现时针样运动。

4. 暴进暴退

向前猛冲或后退不止的运动。

5. 共济失调

表现运动四肢配合不协调，走路摇摆，行走欲跌，呈醉酒状或肢蹄高抬，用力着地，似涉水样。主要见于侵害中枢神经系统的传染病。如伪狂犬病、神经型猪瘟、脑脊髓的丝状虫病、羊的缺铜病、脑包虫病（寄生在小脑部位）。

6. 跛行

因肢蹄的带痛性疾病而引起的运动机能障碍，称为跛行。分支跛、悬跛、混合跛。马属动物多发。见于四肢、骨、关节、肌肉的疾病，外周神经性疾病，骨软症，风湿症（如多肢的转移性跛行）。如果在牛群或羊群中发现多数家畜跛行——提示口蹄疫和腐蹄病，如果是猪群发现则提示传染性水疱病和口蹄疫。跛行的诊断如下：

（1）支跛敢提不敢踏，病在四肢下。

（2）悬跛敢踏不敢提，病在肩与胯。

（3）混合跛一走三点头，病痛到处有（患肢提举和负重机能均发生障碍）。

（三）躺卧姿势

健康马骡仅于夜间休息时取躺卧姿势，偶尔于昼间卧地休息，但姿势自然，常将四肢积于腹下而呈背腹位躺卧姿势，当呼唤、驱赶时即行自然起立；牛多于饱食后躺卧休息并反刍；猪喜于食后躺卧。

奶牛生产瘫痪。由于血钙大量流入乳腺，血钙突然下降，中枢神经机能受到抑制，引起头颅侧卧的特异性躺卧姿势，同时伴有昏睡或昏迷症状。

马肌红蛋白尿。因臀部肌肉乳酸蓄积，肌肉肿胀变性，压迫坐骨神经而导致后肢麻痹，但前肢尚能挣扎起立，因此呈特征性地犬坐姿势，常排红色或茶褐色尿液。

仔猪低血糖。由于血糖降低，影响大脑皮层，继而波及间脑、中脑、脑桥和延髓，动物在临床表现出一系列的神经症状，后期瘫痪卧地不起。

鸡马立克病。两腿叉开呈劈叉姿势。另外，鸡新城疫、维生素B缺乏症、呋喃类药物中毒，动物表现曲颈背头、站立不稳、翻转滚动。

除上述疾病之外，动物两后肢截瘫：表现后躯麻痹，发射减弱或丧失，粪尿失禁，呈犬坐姿势；仔猪缺硒病：由于骨骼肌变性坏死，呈犬坐姿势；牛创伤性网胃心包炎：表现前高后低的站立姿势，不愿意走下坡路，不愿急转弯等。

第二节　表被状态的检查

一、被毛的检查

健康畜禽被毛柔软平滑、富有光泽、生长牢固、不脱不断。

病理情况下，当被毛粗乱无光、易脱易断、换毛延迟时，可见于慢性消耗性疾病，长期营养不良和代谢紊乱。病畜脱毛，即在非换毛期，被毛成片脱落，是营养极度不良、患寄生虫病或湿疹的特征；碘、汞中毒也常引起大块脱毛。若有多处局限性脱毛、落屑，并伴有剧痒的多是螨病的表现马尾根被毛脱落并常向周围物体摩擦，应注意蛲虫病的发生。家禽肛周羽毛脱落，往往由啄肛引起，是动物营养代谢扰乱的表现。当被毛污染的时候，特别是后肢和尾部被粪便污染，提示下痢和胃肠炎。

二、皮肤的检查

（一）皮肤温度检查

皮肤温度的检查，一般用手掌或手背触诊躯干部判定，为确定末梢部位皮温分布的均匀性。在马应触诊耳根、鼻端及四肢下部；牛羊触诊角根、鼻镜、四肢下部；猪触诊耳根及鼻端；家禽触诊冠、肉髯及脚爪。

1. 皮温升高

全身性皮温升高是体温升高的结果。这是由于皮肤血管扩张，血流加快所引起。见于热性病及日（热）射病；局限性皮温升高是局部发炎的表现。

2. 皮温降低

全身性皮温降低是体温降低的标志，见于衰竭病、营养不良、大失血、重症贫血、生产瘫痪、酮血病及严重的脑病或中毒；局限性皮温降低，如四肢末梢厥冷，见于高度血液循环障碍、心力衰竭（心衰）、休克和虚脱。

3. 皮温不整

身体对称部位的皮肤温度不一样，主要是由于皮肤血管收缩与扩张不一致的结果。如马左右耳温度不同，牛四肢及两角温度不同。见于牛马热性病、马腹痛病末期、虚脱和休克。

（二）皮肤湿度检查

皮肤的湿度主要取决于家畜排汗能力。马属动物汗腺最发达，其次为牛、羊和猪，水牛、家禽和犬无汗腺。马表现全身出汗，牛、羊、猪出汗在鼻端。生理性发汗主要见于外界温度过高，或运动使役之后，或紧张惊恐之时。病理性发汗主要表现为：

1. 全身出汗

主要见于高热性疾病，如日射病、热射病、败血症、脓毒血症；剧烈疼痛性疾病，马属动物腹痛性疾病、肢蹄疼痛性疾病以及骨折等；严重呼吸困难的疾病，如呼吸道狭窄、弥漫性支气管肺炎、肺气肿等；马肌红蛋白尿病及许多疾病的濒死期也常全身出汗（这时常伴发体温下降）。

2. 局部出汗

指被毛某部位湿润或有汗珠，出汗区的界限往往很明显，经一定时间消失。主要见于外周神经损伤及局部炎症。

3. 冷汗

正常出汗时，皮肤充血发热，皮肤与汗液俱热的称为热汗；皮肤与汗液俱冷的称为冷汗。冷汗主要见于内脏破裂、虚脱、休克及严重的心脏衰竭，多预后不良。

4. 血汗

由汗腺自然排出血液而皮肤无损伤的称为血汗。主要见于血斑病、炭疽等。

5. 少汗

临床表现皮肤干燥，是长期营养不良及热性病发作的特征。正常情况下，牛的鼻镜及猪的鼻盘上面附有水珠，触诊冰凉而湿润。如果鼻镜发干则是患病及发热的特征，如果鼻镜发生龟裂或形成痂皮，则表示病程长久，另外见于牛瘟和恶性卡他热。

（三）皮肤弹性检查

幼畜及营养良好的家畜，其皮肤具有一定的弹性。检查皮肤弹性的方法，是用手指捏成皱褶并轻轻拉起（马可在颈部，牛在最后肋骨部，羊在背部），如是健畜，放手后皱褶迅速恢复原状；但是在营养不良、慢性病、机体脱水（严重腹泻、呕吐）时则恢复缓慢。注意：老龄家畜皮肤弹性降低是正常生理现象。

（四）皮肤颜色检查

家畜皮肤富有色素，其颜色不易看出。临床仅猪和鸡具有诊断意义，猪特别应注意检查耳及鼻盘，鸡则注意检查鸡冠。鸡和猪几种常见的病理性皮肤颜色变化如下。

1. 苍白色

主见于贫血性疾病，例如，维生素缺乏、铁缺乏和寄生虫病。

2. 蓝紫色（发绀）

主要是由于缺氧所致（还原血红蛋白和变性的血红蛋白增多的结果），见于中毒性疾病（如猪的亚硝酸盐中毒）、猪肺疫、猪气喘病、鸡新城疫、禽霍乱、蓝耳病等。

3. 黄色

主要见于黄疸性疾病，例如，肝片吸虫、胆道蛔虫和肝胆疾病。

4. 红色

主要表现红斑和疹块，见于猪瘟、猪丹毒、猪肺疫、仔猪副伤寒、感光过敏等，出现部位一般在胸前、腹下和股内侧。鉴别诊断如下。

（1）猪瘟为针尖大小的出血性斑点，指压不褪色。由猪瘟病毒引起，以出血性败血症，慢性纤维素坏死性肠炎为特征，抗生素治疗无效。

（2）猪丹毒为充血性不规则疹块，指压褪色。由猪丹毒杆菌引起，急性特征为高热和皮肤疹块，亚急性表现为心内膜炎和关节炎。

（3）猪肺疫有时也有大小不等的出血点。由多杀性巴氏杆菌引起，临床特征是急性败血症和组织器官的出血性炎症，纤维性胸膜炎，实验室检查巴氏杆菌镜下有荚膜。

（4）仔猪副伤寒由猪沙门杆菌引起，主要特征是肠道发生坏死性炎症，呈严重下痢。

（5）感光过敏是猪吃了含有感光物质的饲料（如荞麦、灰菜），经过日光照射皮肤发红产生红斑，并且伴有痛感和痒感。

（五）皮下组织检查

1. 皮肤肿胀

皮肤肿胀可由多种多样的原因引起，多为局限性，很少波及全身，根据肿胀性质不同分为以下几种。

（1）气肿是指有空气或其他气体积于皮下。特点：肿胀边缘界限不清楚，一般情况下无热痛反应，触诊有捻发音。原因：皮肤破损，含气器官的破裂。易发部位：颈部或肘后。

但是，当厌氧性细菌感染以后，由局部组织腐败分解而产生的气体积于组织局部也可引起皮下气肿，此时，局部有热痛反应，同时伴有皮肤的坏死和较重的全身反应（如沉郁、发热、切开肿胀部位组织流出混有气泡的暗红色液体），常发于臀部、腰部、股部等肌肉发达部位，如气肿疽和恶性水肿病。

（2）水肿由于各种原因使组织渗透压增高，血浆液体成分向组织间漏出过多而回收减少，液体积于皮下形成水肿。如果液体积于浆膜腔形成积水。易发部位：胸腹部、四肢下部、阴囊和眼睑。特点：容积较大，皮肤紧张而弹性降低，指压有痕，感觉如生面团，有凉感，无热痛反应。根据发生原因分为：①心性水肿：由于心脏衰竭、体循环障碍或瘀血而使静脉血液回流障碍所引起的水肿。常见于心内膜炎和心力衰竭。易发部位：远心端的部位如四肢末梢，因为压力不够血液回流困难。特点：早晨严重，运动使役后有所缓减，呈对称性发生，无热痛反应。②营养不良性水肿：又称低蛋白血症，由于长期营养不良或饲料营养价不全造成家畜营养障碍，血液中白蛋白减少，血浆胶体渗透压降低所致。如慢性消耗性疾病、重度贫血、维生素不足、肝片吸虫病。特点：水肿波及身体的大部分而且无明显的局限性，颌下、胸部和下颌间隙都易发生，无热无痛。③肾性水肿：肾炎和肾病的主要症状。由于肾小球分泌机能降低，水钠滞留体内，肾小管毛细血管变性，血浆蛋白大量滤出，血浆胶体渗透压降低所致。主要见于急慢性肾炎和肾病。特点：迅速发生，无热无痛。易发于组织疏松的部位，不受重力的影响，最初眼睑水肿，以后胸部、腹下、阴囊和四肢水肿。④炎性水肿：由于皮肤或皮下组织受到创伤发炎，致使炎症处血管扩张渗出引起。特点：红、肿、热、痛，机能障碍，不对称发生。主要见于血斑病、蜂窝织炎、炭疽、挫伤、刺伤。

不同动物发生不同的水肿病。例如，牛严重的皮下水肿提示创伤性心包炎和肝片吸虫病；猪的颜面部与眼睑部水肿提示猪水肿病。雏鸡的皮下水肿提示白肌病（也叫渗出性水肿），是由于硒和维生素 E 缺乏引起的腹下、腿内侧等部位皮下出现蓝紫色胶冻样肿胀，触诊有硬感。

2. 皮疹性病变

（1）痘疹皮肤上出现豆粒大小的疱疹，一般取红斑、丘疹、水疱、脓疱、溃疡、结痂定期或分期性经过。易发部位：被毛稀少的部位，如股内侧、乳房、尾根下、口角部、鸡冠、鼻盘、头面部，主要见于牛痘、羊痘、鸡痘、猪痘。

（2）水疱是皮肤表层下组织聚积透明液体的小水疱，水疱容易破溃形成溃疡。主要见于口蹄疫，口蹄疫分良性口蹄疫和恶性口蹄疫。口蹄疫是由口蹄疫病毒所引起的偶蹄动物的一种急性热性高度接触性传染病。病的特征为口腔黏膜、蹄趾部和乳房皮肤发生水疱。除此之外，还见于猪的传染性水疱病和各种动物的水疱性口炎。

（3）斑疹是皮肤弥漫性充血或出血形成的红斑。见于湿疹（如过敏性疾病）、丘疹（如荨麻疹，注射血清和药物过敏等）、玫瑰疹（如猪瘟和出血性败血症）和饲料疹（如感光过敏）。

（4）溃疡主要是由以上疾病（水疱、脓疱和组织坏死）引起，见于皮肤破溃，久治不愈的外伤，皮鼻疽和流行性淋巴管炎等。临床上应该特别注意的是溃疡边缘呈"火山口"状，周围隆起，溃疡底呈猪脂肪样则是皮鼻疽溃疡的特征；若淋巴管呈索状肿胀，并于淋巴管索状肿胀上形成连串的结节或溃疡，是流行性淋巴管炎的特征；猪体表部位有较大的坏死与溃疡是坏死杆菌的表现。

（5）瘢痕是创伤溃疡愈合的结果。临床上有诊断意义的是瘢痕呈冰花样或放射线状，这是鼻疽瘢痕的特征，常见于鼻中隔。

3. 其他肿胀

（1）局部肿胀触诊有波动感，主见于脓肿、血肿和淋巴外渗，三者可以通过穿刺加以鉴别。

（2）赫尔尼亚（疝）腹壁、脐部或阴囊部触诊呈波动感，深部触诊可摸索到疝孔，有时可将脱垂肠管还纳，听诊局部可听到肠蠕动音，提示腹壁疝、脐疝、阴囊疝。临床诊断相对容易。

4. 皮肤的完整性

皮肤的完整性破坏，表现皮肤有创伤溃疡，见于一般性外科病，猪的体表部位有较大的坏死和溃疡，提示坏死性杆菌病。

5. 体表皮肤震颤

（1）局部战栗尤其以肘后、肩部肌肉明显。常见于四肢疼痛性疾病，牛创伤性心包炎。

（2）全身痉挛见于脑病和中毒时，常可出现全身痉挛，但多伴有昏迷现象。如 2~3 日龄仔猪出现全身痉挛是低血糖的症状，如出生后即出现全身痉挛，为仔猪先天性震颤。

第三节 可视黏膜的检查

在一般情况下，做可视黏膜的检查，仅检查眼结膜。眼结膜的颜色变化不仅可以反映其局部病变，而且也反映全身血液循环状态，可以判定血液循环障碍程度，在诊断和预后的判定上具有一定的意义，临床上多用视诊进行检查。

各种健康家畜的眼结膜颜色：马呈淡红色，牛较马稍淡，猪为粉红色。具体检查方法：牛，用双手握住牛角，将头扭向一侧即可露出巩膜及其血管情况；或者一手握角，一手握鼻中隔，扭转其头即可进行观察。马，用单手开眼法检查结膜。猪、羊和犬等小动物，用两手拨开上下眼睑即可观察结膜。

检查时注意事项：两眼对照检查。在自然光线下检查，以免因光线影响结膜色彩。不要反复检查，因为反复检查易引起充血而误判。

一、颜色的检查

在病理情况下，眼结膜色彩的变化有以下几种情况。

1. 苍白

结膜色淡呈灰白色，是各型贫血的特征。如果结膜迅速苍白，主要见于大失血、肝脾等内脏器官的破裂；如果结膜缓慢逐渐苍白，主要见于慢性消耗性疾病和传染病，如牛结核病、仔猪贫血、蛔虫病和血孢子虫病。但是溶血性贫血在结膜苍白的同时伴有不同程度的黄染。

2. 潮红

结膜下毛细血管充血的症状，除反映眼部病变外，主要反映机体的血液循环状态。如果是单眼潮红多是结膜炎引起，如果是双眼潮红则标志着全身循环障碍。

（1）弥漫性潮红。结膜一片潮红，主要是由于二氧化碳过多和氧气不足所引起，见于急性发热性传染病，如猪瘟、猪丹毒、高度呼吸困难、肺炎、肠鼓气、炭疽、犬瘟热和鸡新城疫。

（2）树枝状潮红。血管高度充盈，特别明显呈树枝状，主要是血液循环或心脏机能障碍的结果，见于严重的心脏疾病、肺脏疾病和脑炎或小循环瘀血。

（3）出血性潮红。结膜上有点状或斑状出血点，是出血性疾病的特征，主要由于血管壁通透性增大所致。见于各种急慢性传染病。如炭疽、血斑病、血孢子虫病、马传染性贫血和出血性败血症。

3. 发绀

结膜呈蓝紫色主要是由于血液中还原血红蛋白增多或形成大量变性血红蛋白的结果，见于高度吸入性呼吸困难和肺呼吸面积显著减少的疾病。如肺炎、胸膜炎、心脏瓣膜病、心包炎、心脏衰弱和某些中毒性疾病（亚硝酸盐中毒）。

4. 发黄

眼结膜呈黄色，主要是由于胆色素代谢障碍，使胆红素形成过多或排出障碍，大量胆红素蓄积在体内，使皮肤黏膜、浆膜及实质器官被染成黄色。常见于各种疾病引起的黄疸。

正常胆色素的代谢：衰老的红细胞被肝、脾、骨髓的吞噬细胞吞噬破坏后释放出血红蛋白，后者进一步分解脱去铁和珠蛋白形成胆绿素，胆绿素再转化为胆红素，这种胆红素在血液中和白蛋白、α-球蛋白结合形成间接胆红素。间接胆红素再由血液运到肝脏后在葡萄糖醛酸转化酶的作用下形成直接胆红素。直接胆红素随胆汁分泌经胆道进入肠内被肠内细菌还原为胆素原，大部分胆素原被氧化为粪胆素原随粪便排出，小部分再吸收入血经门静脉进入肝脏，这部分胆素原又有两个去向，大部分变为直接胆红素然后再随胆汁排入肠道（肠肝循环），小部分进入血液经肾脏转化为尿胆素原随尿排出。

健康机体内胆色素不断形成和排泄，保持着相对的动态平衡，这种平衡靠3个环节来实现：胆红色素的形成、肝脏对胆红素的转化、胆道的排泄。当发生某些疾病时，由于体内胆红素形成过多，或由于肝细胞的严重损伤，或因胆道阻塞就会破坏这种相对的平衡状态，使胆红素大量蓄积在体内，从而发生各种类型的黄疸。常见病因有：①阻塞性黄疸：各种原因造成的胆道狭窄或阻塞，引起胆汁淤滞和胆管破裂，使胆色素混入血液或血液中的胆红素增多。主要见于胆结石、胆道蛔虫、胆管炎、十二指肠炎症。②溶血性黄疸：各种原因造成红细胞大量破坏，使胆色素蓄积并增多。主要见于血孢子虫病、焦虫病、锥虫病、新生幼畜溶血病、二氧化硫中毒、马传染性贫血、大叶性肺炎、大面积烧伤、毒蛇咬伤。突出症状是结膜苍白并且黄染。③实质性黄疸：由于肝细胞发炎、变性或坏死，肝细胞结合和排出胆红素功能降低，同时又由于常伴有毛细胆管淤滞或破裂，引起胆红素混入血液而黄染，主要见于引起肝脏变性坏死的传染病，如马流脑、马传染性贫血、猪白肌病、中毒病、钩端螺旋体病。

二、肿胀的检查

结膜肿胀是由于结膜及结膜下炎性渗出浸润，或由于结膜淤血，或血液稀薄渗出引起。由炎性渗出引起的肿胀同时伴有畏光流泪和热痛反应，主要见于结膜炎、周期性眼炎、流行性感冒（流感）、猪瘟和水肿病；由淤血或血液稀薄造成的肿胀无热痛反应，主要见于贫血、肾炎和寄生虫病。

三、分泌物的检查

健康家畜结膜无分泌物，病理情况下分泌物增多，根据其性状不同分浆液性、黏液性和脓性。临床上注意的是两侧性的为全身性疾病，如流感、猪瘟、犬瘟热、马腺疫、仔猪副伤寒、山羊支原体肺炎；一侧性的为眼部疾病，如副鼻窦炎、喉囊炎、外伤等。

第四节 体表淋巴结的检查

淋巴系统是动物自然防御屏障之一。在病理情况下，病理产物、特异性病原菌及代谢产物可随淋巴液进入相应部位的淋巴结引起淋巴结肿胀或化脓，所以对淋巴结的检查，在确定感染和诊断某些传染病方面有重要意义。淋巴结肿胀是机体的一种防御性反应。

临床上奶牛常检查的浅在淋巴结有颌下淋巴结、肩前淋巴结、膝上淋巴结、腹股沟淋巴结、乳房上淋巴结。常用的检查方法有视诊和触诊，必要时配合进行穿刺。检查时主要注意其位置、大小、形状、硬度、敏感性及活动性。病理情况下，淋巴结有以下几种变化。

一、淋巴结的急性肿胀

淋巴结急性肿胀是淋巴结急性炎症浸润的结果，由微生物、病毒和毒素进入血液所引起。特点：淋巴结肿大明显，有移动性，表面光滑坚硬且敏感，触诊有热痛反应，主要见于急性传染病或周围组织器官的炎症，如腺疫、流感、传染性胸腹肺炎、乳腺炎、急性鼻疽和咽喉炎等。

二、淋巴结的慢性肿胀

淋巴结慢性肿胀是由于病原微生物的慢性刺激使淋巴结及其周围结缔组织增生的结果。特点：触诊发硬，表面不平，无热无痛，活动性差。主要见于慢性鼻疽、慢性鼻炎、慢性鼻窦炎和牛结核，还可见于该淋巴结的周围组织器官的慢性感染及炎症。

三、淋巴结的化脓性肿胀

淋巴结的化脓性肿胀是淋巴结急性炎症发展的结果。主要是由于在淋巴结急性炎症过程中，淋巴结失去防御能力所致。特点：触诊淋巴结高度肿胀，皮肤紧张，有热有疼有波动感，表面被毛脱落光亮，最后破溃流脓，常见于马腺疫、鼻疽、结核等。

四、淋巴管检查

正常家畜体表淋巴管难以触摸到，当淋巴结发炎时，由于炎性浸润，有时波及相应的淋巴管，致使发炎而呈索状肿胀，有的在索状肿胀的淋巴管上形成多数结节而成串珠状，有时结节破溃形成特有的溃疡，触压移动性差但有疼痛反应，在胸侧、颈侧、四肢表现明显，主要见于皮鼻疽和马流行性淋巴管炎。

第五节　体温、脉搏、呼吸数的测定

体温、脉搏、呼吸是家畜生命活动的重要生理指标。在正常情况下，除受外界气候、运动及使役等环境条件的暂时性影响外，一般变动在一个较为恒定的范围之内。但是，在病理过程中，受病原因素的影响，常发生不同程度和形式的变化。因此，临床上测定这些指标，在诊断疾病和分析病程的变化上有重要的实际意义。

一、体温的测定

家畜为恒温动物，均具有发达的体温调节中枢及产热、散热装置，故能在外界不同温度条件下，保持体温的恒定不变。如果体温发生变化，常是患病的重要症状之一。

健康动物体温受许多生理性因素和外界因素的影响，从而出现一定程度的生理性变动，如年龄、性别、品种、营养、生产性能、气候条件、地区性等。通常情况下，幼龄家畜高于成年家畜，公畜高于母畜，高产奶牛高于低产奶牛，围产期高于其他期，营养良好高于营养不良，夏季高于冬季，南方家畜高于北方家畜，这些生理性变动可能与机体的代谢强度及产热、散热的特殊条件相关。

一般动物体温的昼夜变动范围：晨温稍低，午后稍高，昼夜温差变动在 1.0℃ 以内。如果出现上午体温高下午体温低，则称为温差逆转，如马传染性贫血。

临床上测定体温的方法：除禽类测其翼下温度外，其他动物都以直肠温度为标准。

测定直肠温度的注意事项：测定前将体温计甩至 35° 以下；每次测定时间必须在 5min 以上；不要将体温计插在直肠蓄粪内；注意长期腹泻的病例体温低于实际体温。

在排除生理性和外界性因素影响之后，体温的升高降低变化即为病理变化。

（一）体温升高

体温升高是动物机体对病原微生物及其毒素、代谢产物或组织坏死分解产物的刺激以及某些有毒物质被吸收所产生的一种防御反应。病畜体温升高多是传染病指标之一。一般炎性疾病如胃肠炎、肺炎、胸膜炎、腹膜炎、子宫内膜炎等体温一定升高，风湿症、无菌手术后体温也一时性升高。在上述疾病经过中，若通过治疗，体温逐渐下降则是病情逐渐好转的标志。

1. 发热

由病理原因所引起的体温升高，称为发热。根据体温升高的程度不同分微热、中热、高热和最高热。

（1）微热。体温超过正常体温 0.5~1.0℃，主要见于局限性炎症和轻微性疾病，如胃肠卡他。

（2）中热。体温超过正常体温 1.0~2.0℃，主要见于消化道和呼吸道的一般性炎症，如支气管炎、胃肠炎、咽喉炎、牛结核、布氏杆菌等慢性传染病。

（3）高热。体温超过正常体温 2.0~3.0℃，主要见于急性传染病和广泛性炎症，如流感、猪瘟、猪肺疫、牛肺疫、口蹄疫、大叶性肺炎、小叶性肺炎、急性弥漫性胸膜炎和腹膜炎。

（4）最高热。体温超过正常体温 3.0℃以上，主要见于严重的急性传染病。如败血症、脓血症、脓毒败血症、传染性胸膜肺炎、猪丹毒、炭疽、日射病、热射病。

2. 特点类型

在疾病发热过程中，根据其经过的特点不同分为以下几种发热类型：弛张热、稽留热、间歇热、不定型热。热型的确定主要是通过记录每天体温变化（早、晚各测温一次，然后取平均值）并把结果记录在一定表格上，得到不同形状的曲线——体温曲线，根据体温曲线形状判定发热类型。

（1）稽留热。高热持续数天或更长时间，并且昼夜温差在1℃以内。主要是由于致热物质在血液中长期存在并且对神经中枢不断刺激的结果，见于大叶性肺炎、猪瘟、猪丹毒，流感、牛肺疫。

（2）弛张热。体温昼夜间有较大的升降，温差在1~2℃或3℃以上，不降到正常温度。主要是由于炎性病灶消失而又出现新的炎性病灶的结果。见于各种化脓性疾病、小叶性肺炎、败血症和严重的结核病。

（3）间歇热。在持续数天的发热后出现无热期，如此以一定间隔时期而反复交替出现发热的现象，或体温升高与体温正常交替出现。主要是由于病原性有毒物质周期性地进入血液的原因。见于焦虫病、锥虫病和慢性马传染性贫血。

（4）不定型热。体温曲线无规律的变动。主要见于许多非典型性疾病，如牛结核病、布氏杆菌病、慢性猪瘟、猪肺疫等。

3. 病程类型

在发热过程当中，根据发热病程的长短分为：急性发热、慢性发热和一过性发热。

（1）急性发热。一般发热期延续1周至半个月，如长达1个月有余则为亚急性发热，可见于多种急性传染病。

（2）慢性发热。表现为发热的缠绵，可持续数月至1年有余，多提示为慢性传染病，如慢性马传染性贫血及鼻疽、结核、猪肺疫等。

（3）过性发热。仅见体温的暂时性升高，以后很快恢复正常，对动物无任何不良影响，某些疾病的一过性发热多在前驱期出现，因临床上无其他明显症状而不易被发现，从而对实际诊断意义不大，常见于注射血清、疫苗后的一时性反应和暂时性的消化不良。

4. 发热过程

整个发热过程分为3个时期：上升期、极期（体温维持高水平的时期）和退热期。根据体温下降的特点，退热期又可分为渐退和骤退。前者表现为在数天内逐渐地、缓慢地下降至常温，并且病畜的全身状态随之逐渐改善而康复；后者表现在短期内迅速降至常温或常温以下。如果骤退时脉搏增数并且病畜全身状态不见改善甚至恶化，则往往是病情危重的表现。

5.发热综合征

恶寒战栗，皮温不整，呼吸脉搏加数，食欲减少或废绝，精神沉郁，消化障碍如便秘，尿量减少、尿液黏稠、出现尿蛋白。

（二）体温降低

由于病理性的原因引起体温低于常温的下界，称为低体温或体温降低。除老龄家畜的体温降低外，主要见于重度营养不良、严重的贫血、大失血、内脏破裂、休克、中毒和某些脑病（如慢性脑室积水和脑肿瘤），长期瘫痪、频繁下痢的病畜其直肠温度偏低。顽固的低体温常为马流行性脑脊髓炎后期的特征。明显的低体温，同时伴有发绀、末梢厥冷、高度沉郁、心脏微弱、脉弱无手感，多提示预后不良。

总而言之，发热和低体温只能说明动物已经患病，但并不能确定患什么病。在未确诊疾病之前，要慎用退热药，只有结合其他病候综合分析，确诊疾病之后再采取对因和对症治疗。

二、脉搏的测定

记录每分钟脉搏跳动的次数，称为脉搏数。脉搏数受气候、年龄、品种、性别、使役、采食等生理因素的影响，如幼龄＞成龄、母畜＞公畜、高产奶牛＞低产奶牛、轻型马＞重型马、母畜于妊娠后期脉搏数增加。检查脉搏的部位：马在颌下动脉，牛在尾动脉，猪、羊、狗在股内侧动脉。如果脉弱，可通过检查心脏的心搏动代替。诊查脉搏可获得关于心脏活动机能与血液循环状态，在疾病的诊断和预后的判定上都有很重要的实际意义。

脉搏次数的病理性变化主要表现为脉搏数增多和脉搏数减少。

（一）脉搏数增多

影响脉搏频率的病理性因素很多，常见于以下几种。

1.所有热性病

主要是血液温度增高和细菌毒素刺激的结果。一般体温每升高1℃，可引起脉搏次数相应地增加4~8次。

2. 各种心脏病

除有严重的传导阻滞以外的心内膜炎、心肌病、心肌炎、心包炎等，主要是机能代偿的结果使心动加快而脉搏数增多。

3. 疼痛性疾病

马骡腹痛症、四肢的带痛性疾病等，可反射地引起脉搏数增多。

4. 呼吸系统疾病

各型肺炎、胸膜炎，由于呼吸面积减少而引起二氧化碳和氧气交换障碍。心搏动加快而脉搏数增多。

5. 各型贫血或失血性疾病

频繁下痢而引起的严重失水，致使血液浓缩脉搏数增多。

6. 某些药物中毒或毒物中毒

有机磷农药中毒和使用交感神经兴奋药。

脉搏数增多实际上是多种因素作用的结果，在对疾病的预后判定上具有十分重要的意义。一般来说，脉搏数增多的程度可以反映心脏功能障碍和损伤的程度。通常当脉搏数比正常增加 1 倍以上时，可提示疾病的严重性。

（二）脉搏数减少

主要见于引起颅内压增高的脑病、胆血症、中毒病（迷走神经兴奋所致）、心脏传导机能障碍的疾病（如重度的传导阻滞或严重的心律不齐），此外，老龄家畜或生理机能高度衰竭时，也可引起脉搏数减少。临床上脉搏数显著减少且弱无手感时提示预后不良。

三、呼吸数的测定

动物一呼一吸组成一次呼吸，记录每分钟呼吸的次数即呼吸数。和体温、脉搏一样，呼吸数也受动物年龄、品种、季节、气候等因素的影响，如幼龄＞成龄，炎热季节＞寒冷季节，使役时、运动后呼吸数增加，饱食情况下呼吸数增加，母畜在妊娠期呼吸数增加。测定呼吸数的方法：一般通过观察动物胸腹壁的起伏动作和鼻翼的开张动作计算，在冬季可按其呼吸气流计算，家禽通过观察肛门部羽毛的缩动计算。通常计测 2min 的次数取均数。

呼吸数的病理性变化主要表现为呼吸数增多或呼吸数减少。

（一）呼吸数增多

影响呼吸数的病理性因素很多，常见于以下几种：①呼吸器官本身疾病。当上呼吸道轻度狭窄及呼吸面积减少时可反射地引起呼吸加快。例如，牛结核、牛肺疫、山羊的传染性胸膜肺炎、猪肺疫、气喘病、猪肺虫病等。②多数发热性疾病。包括传染性和非传染性疾病。③心力衰竭及贫血、失血性疾病。④某些中毒。如亚硝酸盐中毒引起的血红蛋白变性。⑤中枢神经兴奋性增高的疾病。⑥剧烈疼痛性疾病。

（二）呼吸数减少

临床上比较少见，主要见于引起颅内压显著升高的疾病（如慢性脑室积水、猪的伪狂犬病以及马的流行性脑脊髓炎后期），某些中毒病及重度代谢紊乱等。呼吸次数的显著减少并伴有呼吸形式与节律的改变，常提示预后不良。

正常情况下体温、脉搏、呼吸的相关变化，常常是平行一致的，即同时升高或同时下降。但是，在某些特殊情况下，体温、脉搏、呼吸变化并不一致，如体温下降脉搏升高，这种交叉现象，一方面，由于高热的急剧下降甚至常温以下，可能并非病情真正地突然好转，反而说明是机体反应能力的显著衰竭；另一方面，脉搏次数的显著增多，又反映心脏机能状态的进一步恶化。因此体温、脉搏、呼吸交叉现象，多为预后不良的征兆。

第三章　系统临床检查

第一节　消化系统的临床检查

消化系统包括口腔、咽、食管、胃、肠及肝脏、脾脏、胰脏等。消化系统疾病在内科疾病中最多见，尤其是幼畜及老龄家畜发病率最高。而且许多传染病、寄生虫病及中毒性疾病常并发消化系统疾病。因此，仅靠物理学方法检查，往往很难确诊，如胃肠寄生虫病与普通胃肠疾病不易鉴别，急性胃肠炎与急性肝炎，慢性胃肠炎与慢性肝炎不易鉴别。有条件时还应根据需要进行血、尿、粪实验室检查和 X 线、B 超、腹腔镜等特殊检查。

一、饮食状况的检查

（一）饮欲和食欲

1. 食欲减退

动物表现不愿采食或采食量减少或喜欢采食单一饲料，是许多疾病的共有症状，主要见于消化器官本身疾病、一切热性病、疼痛性疾病等。

2. 食欲废绝

动物表现拒食饲料，是病情严重的表现。主要见于重剧的消化道疾病、急性热性病和某些烈性传染病等。

3. 食欲不定

动物表现食欲时好时坏，变化不定，主要见于慢性消化不良，如胃溃疡、胃肠卡他。

4. 食欲亢进

动物表现采食量显著增加，主要见于糖尿病、寄生虫病、早期妊娠和重病的恢复期。

5. 异嗜癖

动物表现食欲紊乱，采食异物（如泥土、煤渣、垫草、粪尿、污水及被毛等），是矿物质、维生素、微量元素代谢紊乱及神经功能异常的特征，主要见于佝偻病、骨软症、微量元素和维生素缺乏症、猪蛔虫病、狂犬病、伪狂犬病等。

6. 饮欲减退

动物表现不愿意饮水或饮水量减少，主要见于马骡腹痛病初期、消化系统疾病初期以及伴有昏迷症状的脑病等。

7. 饮欲废绝

动物表现拒绝饮水，是病情危重的表现。主要见于重症的传染病和重症的内科病。

8. 饮欲增加

动物表现口渴多饮，在病理情况下主要见于一切热性病、剧烈腹泻、剧烈呕吐、大量出汗、慢性肾炎、渗出性胸膜炎和腹膜炎以及猪食盐中毒和牛皱胃阻塞等。

（二）采食、咀嚼和吞咽

1. 采食异常

各种动物在正常状态下，其采食方式各有特点。采食异常主要表现为采食不灵活或不能用唇、舌采食。主要见于各种口炎、舌和牙齿的疾病。

2. 咀嚼障碍

动物表现咀嚼缓慢无力或因疼痛而中断，有时将口中食物吐出。一般依据程度不同分为咀嚼缓慢、咀嚼困难、咀嚼疼痛。主要见于口膜炎、舌及牙齿疾病、骨软症、慢性氟中毒、面神经麻痹、下颌骨折等。虚嚼：口腔内没有食物但动物仍然表现咀嚼动作。主要见于马腹痛病、传染性脑脊髓炎、破伤风和某些中毒；牛见于胃肠卡他、前胃弛缓、创伤性网胃炎和皱胃疾病；也可见于猪瘟和羊的多头蚴病。

3. 吞咽困难

动物表现吞咽时伸颈摇头，屡次试咽而中止，并伴有咳嗽、流涎、饲料和饮水经鼻孔反流等。主要见于咽部与食管疾病，如咽炎、咽麻痹、咽痉挛和食管阻塞等。

（三）反刍、嗳气和呕吐

1. 反刍

反刍动物特有的生理功能。反刍是指反刍动物采食后周期性地将瘤胃内的食物返回口腔，重新细致地咀嚼再咽下的复杂过程。反刍通常在安静、伏卧或轻役时进行。正常情况下，动物在饲喂后 0.5~1h 开始反刍，每昼夜反刍 4~8 次，每次反刍持续时间 30~50min，每次返回口腔的食团再咀嚼 40~60 次。

病理情况下表现：反刍弛缓、反刍停止、反刍疼痛。反刍弛缓表现为反刍开始出现的时间晚，每次反刍的持续时间短，每昼夜反刍的次数、每个食团的再咀嚼次数减少，是前胃机能障碍的表现。主要见于各种前胃疾病。反刍停止表现完全不反刍，是前胃机能高度障碍的表现。主要见于重症的前胃疾病和前胃疾病的后期以及重症的传染病、代谢病、热性病、中毒病。反刍疼痛表现为反刍咀嚼时反刍动物呻吟不安，是创伤性网胃炎的特征。

2. 嗳气

反刍动物正常的消化活动。嗳气是指反刍动物通过瘤胃收缩和腹肌压迫，将瘤胃内食物发酵产生的气体经过食道、口腔和鼻腔排出体外的过程。一般牛每小时有嗳气活动为 20~30 次，羊为 9~11 次。可以通过视诊和听诊的方法检查动物的嗳气活动。当嗳气时，于左侧颈部沿食管沟外侧可看到由颈基部向上的气体移动波，同时可听到嗳气时的特有音响。

病理情况下表现：嗳气增多、嗳气减少、嗳气停止。嗳气增多是瘤胃食物发酵过程增强的结果，主要见于瘤胃鼓气之初或使用药物碳酸氢钠之后。嗳气减少是瘤胃机能降低及胃内容物干涸的结果，主要见于各种前胃疾病和热性病，由于嗳气减少常可引起瘤胃鼓气。嗳气停止是瘤胃机能严重降低的结果，主要见于重症的瘤胃积食、瘤胃鼓气和食管的完全阻塞，嗳气停止如果不能及时采取急救措施，动物很快窒息死亡。

3. 呕吐

一种病理性反射活动，是由于延脑呕吐中枢反射地或直接地受到刺激，胃内容物不由自主地经口腔或鼻腔排出体外的过程。各种动物由于生理特点和呕吐中枢的感应能力不同，发生呕吐情况各异。肉食动物和家禽最易呕吐；其次为猪；再次为反刍动物；马最难呕吐，一般仅有呕吐动作，当在疾病严重时才能有胃内容物经鼻孔反流现象。

根据呕吐发生的原因，可分为末梢性呕吐和中枢性呕吐两大类。末梢性呕吐是由于延脑以外的其他器官受刺激反射性引起呕吐中枢兴奋而发生。特点是先恶心后呕吐，直至胃内容物排空后呕吐才停止。主要由来自消化道及腹腔的各种异物、炎性及非炎性的刺激所引起，如软腭、舌根及咽内的异物，过食、胃炎、胃溃疡、寄生虫等。中枢性呕吐是由于毒物或毒素直接刺激延脑的呕吐中枢而引起。特点是一般无恶心，胃内容物排空后仍然继续呕吐。主要见于脑膜炎、脑肿瘤、某些传染病以及某些药物中毒。

猪呕吐常见于胃食滞、肠梗阻、中毒及中枢神经系统疾病；反刍动物呕吐见于前胃及肠的疾病、中毒与中枢神经系统疾病；马呕吐见于急性胃扩张。血性呕吐物见于出血性胃炎和某些出血性疾病；混有胆汁的呕吐物见于十二指肠阻塞，呕吐物呈黄色和绿色，为碱性反应；粪性呕吐物见于犬的大肠阻塞，呕吐物的性状和气味与粪便相同；呕吐物中有时混有毛团、寄生虫及异物等。

临床上经常根据动物呕吐的特点，在中毒时，采用催吐的措施进行救治。

二、口腔、咽和食管检查

（一）口腔检查

1. 开口方法

（1）徒手开口法。检查牛时，一手捏住鼻中隔向上提起或提鼻绳，另一手从口角伸入口腔牵出舌，即可使口张开进行检查。检查马时，一手握笼头，另一手食指和中指伸入口腔，顶住上腭，即可开口；也可将舌从口角处牵拉出进行检查。

（2）开口器开口法。马可使用单手开口器，一手握住笼头，另一手持开口器自口角处伸入，将开口器螺旋形部分伸入上、下臼齿之间，使口腔张开。用重型开口器时，将开口器的齿板嵌入上下切齿之间，再转动螺旋柄，即可逐渐使口腔张开。

猪用开口器开口时，助手握住猪的两耳，检查者将开口器平伸入猪的口内，将开口器用力下压，即可打开口腔。

2. 口唇

除老龄家畜外，健康家畜两唇紧闭、对合良好。病理情况下表现为：唇下垂（见于面神经麻痹、马霉玉米中毒、重剧性疾病）、唇㖞斜（见于一侧性面神经麻痹、猪萎缩性鼻炎）、唇紧张性闭锁（见于破伤风、脑膜炎）、唇肿胀（见于口黏膜的深层炎症和血斑病）、唇部疱疹（见于口蹄疫、马传染性脓疱口炎、猪传染性水疱病）、唇部结节溃疡和瘢痕（见于口蹄疫、黏膜病、马鼻疽和流行性淋巴管炎）。

3. 流涎

动物表现口腔分泌物增多并自口角流出，主要是由于吞咽困难或唾液腺受到刺激分泌增加的结果。见于各型口炎和伴发口炎的各种传染病以及咽炎和食管阻塞。牛群中多数牛出现大量牵缕性流涎，同时伴有跛行症状的可能为口蹄疫；猪口吐白沫，可能为中暑、中毒和急性心力衰竭。

4. 气味

动物在生理状态下，口腔内除在采食之后，可有某种饲料的气味外，一般无特殊臭味。当动物患消化机能障碍的某些疾病时，口腔上皮脱落及饲料残渣腐败分解而发生臭味，见于热性病、口腔炎、肠炎及肠阻塞等；当动物患有齿槽骨膜炎时，可发生腐败臭味；当奶牛患有酮血症时，可发生大蒜臭味。

5. 黏膜口腔

黏膜的检查包括温度、湿度、颜色和完整性。口腔温度升高见于口炎及各种热性病；口腔温度降低见于重度贫血、虚脱及病畜濒死期。口腔湿度降低见于一切热性病、马骡腹痛病及长期腹泻等；口腔湿度增加见于口炎、咽炎、狂犬病、破伤风等。口腔黏膜颜色的病理变化表现为潮红、苍白、黄染、发绀，其诊断意义与其他部位的可视黏膜（如眼结膜、鼻黏膜、阴道黏膜）颜色变化的意义相同，其中，口腔黏膜的极度苍白或高度发绀，提示预后不良。口腔黏膜的完整性表现为口腔黏膜上出现疱疹、结节、溃疡，牛、羊可见于口蹄疫、恶性卡他热及维生素缺乏症，猪可见于传染性水疱病、口蹄疫、痘疮，马可见于脓疱性口炎，鸡发生白喉，牛发生坏死杆菌病时，口腔黏膜上常附有伪膜。

6. 舌头

舌的检查应该首先注意舌苔的变化。舌苔是舌表面上附着的一层灰白、灰黄、灰绿色上皮细胞沉淀物。舌苔灰白见于热性病初期和感冒，舌苔灰黄见于胃肠炎，舌苔黄厚见于病情严重和病程长久。健康动物舌转动灵活且有光泽，其颜色与口腔黏膜相似，呈粉红色。当循环高度障碍或缺氧时，舌色深红或呈紫色；如果舌色青紫、舌软如绵则常提示病情危重、预后不良；木舌（舌硬如木，体积增大）可见于牛放线菌病；舌麻痹可见于某些中枢神经系统疾病的后期和饲料中毒（如霉玉米中毒、肉毒梭菌中毒）；舌体横断性裂伤多为衔勒所致。

7. 牙齿

牙齿的检查主要注意齿列是否整齐，有无松动、龋齿、过长齿、波状齿、赘生齿、磨灭情况，常见于骨软病和慢性氟中毒。

（二）咽的检查

当病畜表现吞咽障碍，尤其是伴随着吞咽动作有饲料或饮水从鼻孔流出时，应做咽部检查。检查方法主要是视诊和触诊，视诊注意头颈姿势及咽部周围是否有肿胀；触诊可用两手在咽部左右两侧触压，并向周围滑动，以感知其温度、硬度及敏感性。

病畜头颈伸直，咽喉部肿胀，触诊有热痛反应，常见于咽炎；如幼驹发病且伴有附近淋巴结肿胀，可见于马腺疫；牛咽喉周围的硬肿，应注意结核、腮腺炎和放线菌病；猪应注意咽炭疽、链球菌病和急性肺疫；当发生咽麻痹时，黏膜感觉消失，触诊无反应而不出现吞咽动作。

（三）食管的检查

当病畜表现吞咽障碍及怀疑食管阻塞时，应做食管检查。常用视诊、触诊和探针的检查方法。

1. 食管视诊

注意观察吞咽动作、食物沿食管通过的情况、局部有无肿胀和波动；如果食管呈局限性膨隆，主见于食管阻塞、食管狭窄和食管憩室；如果食管呈腊肠样肿大，主见于食管扩张。

2. 食管触诊

检查者站在病畜左侧，左手放在右侧食管沟固定颈部，右手指端沿左侧颈部食管沟自上而下滑动检查，注意是否有肿胀、异物、波动感及敏感反应等。当食管发炎时，触诊有疼痛反应和痉挛性收缩；当食管痉挛时，触诊食管紧张呈索状；当颈部食管阻塞时，触诊可感知阻塞物的大小、性状及性质；当胸部食管阻塞时，整个食管膨大如腊肠样，触诊呈捏粉状。

3. 食管探诊

通过胃管检查胸部食管疾病的一种方法，同时也是一种有效的治疗手段。根据胃管进入的长度和动物的反应，可确定食管阻塞、狭窄、憩室和炎症发生的部位，并可提示胃扩张的可疑。根据需要可借助胃管抽取胃内容物进行实验室检查。如食管阻塞时，则胃管到达阻塞部位即不能前进；食管憩室时，插入憩室内则不能前进，当反复提插胃管有时可以从憩室上方通过；食管扩张或狭窄时，则插入胃管困难，但饮水未见变化；食管痉挛时，则胃管前进阻力增大，如果缓慢操作有时可以通过；食管炎时，食管探诊病畜表现不安、咳嗽、虚嚼；急性胃扩张时，当胃管插入胃内后，可有大量酸性气体或黄绿色稀薄胃内容物从胃管排出。

4. 嗉囊的检查

家禽嗉囊是食管在胸部入口前的突出部分，稍偏左。嗉囊黏膜内分布有黏液腺，分泌黏液。嗉囊是积存、磨碎、浸润和软化食物的器官。主要检查方法是触诊和视诊。常见疾病有嗉囊积食（内容物充实坚硬）、嗉囊积气（内容物膨胀有弹性）、嗉囊积液（内容物柔软有波动）。

三、腹部和胃肠的检查

（一）腹部检查

主要以视诊和触诊为主。健康动物腹围的大小与外形，除母畜妊娠后期生理性的（以右侧膨大为主）及长期放牧条件下自然形成的增大外，主要决定于胃肠内容物的数量、性质并受腹膜腔的状态和腹壁紧张度的影响。

1. 腹围膨大

反刍动物左侧腹围膨大常见于瘤胃鼓气、瘤胃积食，右侧腹围膨大常见于皱胃积食和瓣胃阻塞，两侧腹围膨大常见于腹腔积液；马属动物右侧腹围膨大常见于肠鼓气，两侧腹围膨大常见于胃肠积食和腹腔积液；腹壁局限性肿胀见于血肿、腹壁疝和淋巴外渗；猪两侧腹围膨大见于胃食滞，脐部肿胀见于脐疝；犬腹围膨大见于胃扩张、腹水和肠便秘。

2. 腹围缩小

反刍动物腹围缩小主见于长期饲喂不足、食欲扰乱、顽固性腹泻及慢性消耗性疾病，如贫血、结核、副结核、营养不良和寄生虫病等；马属动物腹围缩小，表示胃肠内容物显著减少，可见于长期饥饿、剧烈腹泻及腹肌紧张时，如马纤维性骨营养不良、破伤风、腹膜炎；猪腹围缩小见于长期饥饿、食欲减少、顽固性腹泻和慢性消耗性疾病，如慢性猪瘟、仔猪副伤寒、仔猪贫血、气喘病、热性病及肠道寄生虫病；犬腹围缩小除见于细小病毒肠炎、犬瘟热等腹泻病外，也见于慢性消化道疾病、寄生虫病及营养不良等。

3. 腹壁敏感

触诊时病畜表现回顾、躲闪，甚至抗拒，见于腹膜炎和胃肠炎。

4. 腹肌紧张

见于破伤风、传染性脑脊髓炎和胃肠炎等。

5. 腹下水肿

触诊呈捻粉状，指压留痕，见于肝片吸虫病、心力衰竭、肾脏病和营养不良等。

6. 疝腹壁或胳部呈局限性膨大

听诊可听到肠音，触诊可发现疝环。

（二）胃的检查

1.反刍动物胃肠的检查

（1）瘤胃的检查。

瘤胃位置： 成年牛的瘤胃其容积为全胃总容积的80%，占据左侧腹腔的绝大部分，与腹壁紧贴。

检查方法： 用手指或叩诊器于左肷部进行叩诊，以判定其内容物性质；用右手握拳或以手掌触压左肷部，感知其内容物性状、蠕动强弱及频率；用听诊器于左肷部听诊，以判定瘤胃蠕动音的次数、强度、性质及持续时间。

正常状态： 瘤胃上部叩诊呈鼓音；触诊内容物呈面团状，蠕动力量强，可随胃壁蠕动将检查者的触压手抬起；听诊瘤胃随着每次蠕动波可出现逐渐增强又逐渐减弱的沙沙音，似吹风样或远雷声，牛每2min为2次或3次，羊每2min为3~6次。

病理变化： 视诊左肷部膨隆，触诊有弹性，叩诊呈鼓音是瘤胃鼓气的特征。触诊内容物坚实，见于瘤胃积食；触诊内容物稀软，见于前胃弛缓。听诊瘤胃蠕动频率、蠕动音增强，可见于瘤胃鼓胀的初期；蠕动次数稀少、蠕动音微弱，见于瘤胃积食和前胃弛缓。

（2）网胃的检查。

网胃位置： 网胃位于腹腔的下方剑状软骨突起的后方稍偏左，体表投影与6至7肋间相对，前缘紧贴膈肌而靠近心脏。

检查方法： 视诊非穿孔型病例表现前胃弛缓症状，且采用前胃弛缓症状治疗方法长时间不易治愈；穿孔型病例表现磨牙、沉郁、弓背站立、左侧肘头外展、肘后肌肉震颤、颈静脉怒张呈绳索状；心包型病例喜欢以前高后低姿势站立，严重时动物呈两前肢跨槽、两后肢下蹲的特殊姿势。于网胃区行强力叩诊或用拳轻击；或采用蹲位姿势，将右肘支于右膝，右手握拳并抵在剑状软骨突起部，然后用力抬腿以拳顶网胃区；或用一木棒横放于剑突下，由二人用力上抬，然后迅速放下，通过以上几种检查方法观察动物的临床表现，正常家畜，在进行上述方法检查时，家畜无明显反应。相反若动物表现不安、痛苦、呻吟、抗拒或企图卧地时，常为创伤性网胃炎的特征。运动试验，驱赶病牛上坡、下坡、急转弯等以观察动物反应。特殊检查，应用 X 线机和金属探测仪进行检查。血液学检查，病初白细胞总数增加，其中嗜中性白细胞增加，核左移，嗜酸性粒细胞、嗜碱性粒细胞和单核细胞减少或消失，红细胞和血红蛋白增加；后期白细胞总数降低，红细胞和血红蛋白减少，血沉加快，该法可作为辅助检查方法。

病理变化：临床检查时，如病牛表现呻吟、不安、反抗等是网胃区疼痛反应，特殊检查阳性结果，即可确诊创伤性网胃炎和创伤性网胃心包炎。

（3）瓣胃的检查。

瓣胃位置：瓣胃位于右侧 7 至 10 肋间，肩关节水平线上下。

检查方法：瓣胃区听诊，正常情况下瓣胃蠕动时发出细弱的捻发音，常在瘤胃蠕动之后出现，于采食后较为明显；瓣胃区进行强力触诊或冲击式触诊，以观察牛的反应；瓣胃区穿刺检查。

病理变化：如果瓣胃蠕动音减弱甚至消失，见于瓣胃阻塞、各种热性病等；如果触诊敏感、疼痛、抗拒、不安，见于瓣胃创伤性炎症、瓣胃阻塞；如果瓣胃穿刺阻力大，穿刺针停滞不动（正常时做圆周运动），可确诊瓣胃阻塞。

（4）皱胃的检查。

皱胃位置：皱胃位于右侧腹部第 9 至 11 肋间的肋骨弓区。

检查方法：听诊和触诊；羊和犊牛可取左侧卧姿势，检查者手插入右肋骨弓下方进行深触诊；皱胃区可听取皱胃蠕动音，类似肠音，呈流水音或含漱音。

病理变化：皱胃区向外突出，左右腹壁不对称，听诊蠕动音减弱或消失可见于皱胃阻塞；皱胃触诊呈敏感反应，见于皱胃炎或皱胃溃疡；胃蠕动音和肠蠕动音亢进，见于胃肠炎；如果出现左腹肋弓区膨大，在此区听诊可听到与瘤胃蠕动音不一致的皱胃蠕动音，在左侧最后 3 肋的上 1/3 处叩诊或听诊，可听到明显的钢管音，冲击式触诊可听到明显的振荡音，见于皱胃左方变位；如果出现右肋骨弓部膨大，冲击式触诊可听到液体振荡音，在右侧髂窝内听诊，同时叩打最后两个肋骨，可听到明显的钢管音，见于皱胃右方变位。

（5）肠管的检查。

检查部位：反刍动物的肠管位于腹腔右侧的后半部，所以在右侧腹壁听诊可听到短而稀疏的流水音或鸽鸣样蠕动音。常用的检查方法有听诊和触诊。

病理变化：肠音亢进见于各种类型的肠炎和胃肠炎以及某些伴有肠炎的传染病和中毒病等；肠音减弱见于肠便秘、肠阻塞、中毒和重症肠炎；肠音消失见于肠变位、肠鼓气和重症肠阻塞；肠音不整见于慢性胃肠卡他；金属音见于肠痉挛和肠鼓气。

2. *马属动物胃肠的检查*

（1）胃的位置。马胃的位置位于左侧 14~17 肋骨间，相当于髋结节水平线附近。

（2）检查方法。马胃的检查常用视诊、胃管探诊及直肠内触诊。

（3）病理变化。胃扩张时，用胃管探诊可导出大量的胃内容物或气体，病畜随即安静，病情好转；直肠内触诊可在肾前下方摸到紧张而有弹性的胃后壁；胃部听诊可听到短促而微弱的沙沙声、流水声或金属声，频率在 3~5 次 /min。

3. *猪的胃肠检查*

猪胃的容积较大，其大肠可达剑状软骨后方的腹底部；小肠位于腹腔右侧及左侧的下部，结肠呈圆锥状位于腹腔左侧，盲肠大部分在右侧。

（1）检查方法。猪取站立姿势，检查者自两侧肋弓后开始，渐向后上方滑动加压触摸；或取侧卧，用屈曲的手指，进行深部触诊；或用听诊器于剑状软骨与脐中间腹壁听取胃蠕动音，腹腔左、右侧下部听取肠蠕动音。

（2）病理变化。触诊胃区有疼痛反应，见于胃食滞，当胃食滞时行强压触诊可感知坚实的内容物或引起呕吐；肠便秘时深触诊可感知较硬的粪块；胃肠炎时肠蠕动音增强，便秘时肠蠕动音减弱，肠鼓气时叩诊呈鼓音。

4. *犬的胃肠检查*

（1）检查方法。因为犬的腹壁较薄，常用触诊方法检查。通常用双手拇指以腰部作为支点，其余四指伸直置于两侧腹壁，缓慢用力感觉腹壁及胃肠的状态。也可将两手置于两侧肋骨弓的后方，逐渐向后上方移动，让内脏器官滑过指端，进行触诊。腹壁触诊可以确定胃肠充满度、胃肠炎、肠便秘及肠变位等。

（2）病理变化。胃肠炎时，胃区触诊有疼痛反应；胃扩张时，左侧肋骨弓下方膨大；肠便秘时，在骨盆腔前口可摸到香肠粗细的粪结；肠套叠时，可以摸到坚实而有弹性的肠管；肠音增强见于消化不良、胃肠炎的初期；肠音减弱见于肠便秘、肠阻塞和重度的胃肠炎等。

四、排粪动作及粪便的感观检查

（一）排粪动作

排粪是一种复杂的神经反射动作。正常情况下，各种动物均采取固有的排粪动作和姿势。

1. 排便次数减少（便秘）

肠蠕动及分泌机能降低的结果。其特点是粪色深、干、小，外面附有黏液。动物表现排粪吃力、次数减少。见于各种热性病、慢性胃肠卡他、肠阻塞、牛前胃弛缓、瘤胃积食、瓣胃阻塞。

2. 排便次数增加（下痢）

肠蠕动及分泌机能亢进的结果。其特点是粪呈粥状或水样，动物表现排粪频繁。见于各种类型的肠炎及伴发肠炎的各种传染病，如猪瘟、牛副结核、猪大肠杆菌病、仔猪副伤寒、传染性胃肠炎及某些肠道寄生虫病等。

3. 排便失禁

动物表现不自主地排出粪便，主要是肛门括约肌松弛或麻痹的结果。见于腰荐部脊髓损伤或脑病、急性胃肠炎、长期顽固的腹泻性疾病等。

4. 里急后重

动物屡呈排粪动作，但每次仅排出少量的粪便或黏液，见于直肠炎、子宫内膜炎和阴道炎。

5. 排便疼痛

动物排粪时表现疼痛、不安、惊恐、努责、呻吟，主见于腹膜炎、直肠炎、胃肠炎和创伤性网胃炎。

（二）粪便的感官检查

各种动物的排粪量和粪便性状各异，同时受饲料的数量和质量的影响极大。临床检查时，要仔细观察粪便的气味、数量、形状、颜色及混杂物。

1. 气味

粪便有特殊腐败或酸臭味，见于肠炎、消化不良。

2. 颜色

灰白色粪便，见于仔猪大肠杆菌病、雏鸡白痢；灰色粪便，见于重症小肠炎、胆管炎、胆道阻塞和蛔虫病；褐色和黑色粪便，见于胃和前部肠管出血；红色粪便，即粪球表面附有鲜红血液，见于后部肠管出血；黄色或黄绿色粪便，见于重症下痢和肝胆疾病。

3. 混杂物

粪便混有未消化的饲料，见于消化不良、骨软症和牙齿疾病；粪便混有血液，见于出血性肠炎；粪便混有呈块状、絮状或筒状纤维素，见于纤维素性肠炎；粪便混有大量黏液，见于肠卡他；粪便混有脓汁，见于化脓性肠炎；粪便混有灰白色、成片状的伪膜，见于伪膜性肠炎和坏死性肠炎；粪便混有虫卵，见于各种肠道寄生虫病。

五、直肠检查

直肠检查是手伸入直肠内隔着肠壁对腹腔及骨盆腔器官进行触诊的一种方法，简称直检。直检对大家畜发情鉴定、妊娠诊断、腹痛病、母畜生殖器官疾病、泌尿器官疾病具有一定的诊断价值，同时对某些疾病具有重要的治疗作用（如隔肠破结等）。

（一）准备工作

动物行六柱栏站立保定，马的后肢应分别以夹套固定于栏柱下端，以防后踢；为防卧下及跳跃，要加腹带及肩部压绳；尾部向上或一侧吊起。术者剪短并磨光指甲，戴上一次性长臂薄膜手套，涂肥皂水或液态石蜡润滑。对腹围增大的病畜应先行盲肠穿刺术或瘤胃穿刺术放气，否则腹压过高，不宜检查。对腹痛剧烈的病畜应先给予镇静剂，然后检查。对心脏衰弱的病畜应先给予强心剂，然后检查。一般先用适量温肥皂水灌肠，排出积粪，松弛肠壁，便于检查。

（二）操作方法

术者站于病畜的左后方，以右手检查。检查时五指并拢呈圆锥形，旋转插入肛门并向前伸入直肠，如遇粪球可纳手掌心取出。如膀胱积尿，可下压膀胱，排出尿液。病畜躁动努责时可停止前进或稍后退，待其安静后再慢慢深入，直至将手伸到直肠狭窄部，即可进行检查（努则退，缩则停，缓则进）。

（三）检查顺序与内容

1. 肛门及直肠检查

检查肛门的紧张程度及其附近有无寄生虫、黏液、血液、肿瘤等，并注意直肠内容物的多少与性状，黏膜的温度及湿度等。

2. 骨盆腔内部检查

术者的手稍向前下方即可摸到膀胱、子宫等。膀胱空虚，可感知呈梨形的软物体；膀胱过度充盈，感觉似一球形囊状物，有弹性和波动感。触诊骨盆壁是否光滑，有无脏器充塞和粘连现象。如后肢呈现跛行，须检查有无盆骨骨折。

3. 腹腔内部检查

（1）马腹腔内部检查。肛门→直肠→骨盆腔→膀胱→小结肠→左侧大结肠及骨盆曲→腹主动脉→左肾→脾脏→肠系膜根→十二指肠→胃→盲肠→胃状膨大部。

小结肠大部分位于骨盆口左前方，肠内有鸡蛋大小粪球，由于小结肠游离性较大，便于检查；左侧结肠位于腹腔左侧、耻骨水平面的下方，其骨盆弯曲部在骨盆腔前口的左前下方，其下层结肠内外各具有一条纵带和许多囊状隆起，当左侧结肠便秘时容易摸到；左肾位于第二、第三腰左侧横突下，质地坚实，呈半圆形，手掌向上即可感知；由左肾下方向左腹壁滑动，在最后肋骨部可感知脾脏的后缘，脾脏后缘呈镰刀状；从左肾前下方前伸，当患急性胃扩张时可摸到膨大的胃后壁，并随呼吸而前后移动；

盲肠位于右肷部，触诊呈膨大的囊状，并可摸到由后上方走向前下方的盲肠纵带；于前肠系膜根稍右前方可触到胃状膨大部，便秘时，可感知坚实而呈半球形；沿前肠系膜根后方向下，距腹主动脉 10~15cm 下方，当十二指肠便秘时，可触到由右向左呈弯形横走的圆柱状体，移动性较小，即是积食的十二指肠。

（2）牛腹腔内部检查。肛门→直肠→骨盆→耻骨前缘→膀胱→子宫→卵巢→瘤胃→盲肠→结肠襻→左肾→输尿管→腹主动脉→子宫中动脉→骨盆部尿道。

耻骨前缘左侧是瘤胃上下后盲囊，感觉呈捏粉样，当瘤胃上后盲囊抵至骨盆入口甚至进入骨盆腔内，多为瘤胃鼓气或积食；当皱胃扩张或瓣胃阻塞，有时于骨盆腔入口的前下方，可摸到其后缘；肠位于腹腔后半部，盲肠在骨盆口前方，其尖端的一部分达骨盆腔内，结肠襻在右肷部上方，空肠及回肠位于结肠襻及盲肠的下方；第三至第六腰椎下方，可触到左肾，右肾稍前不易摸到，如肾体积增大，触之敏感，见于肾炎；母畜可触诊子宫及卵巢的形态、大小和性状；公畜触诊其骨盆部尿道的变化。

（四）病理变化

脾、胃后移，胃膨大，提示马胃扩张；小结肠，大结肠的盆骨曲、胃状膨大部或左上下大结肠，盲肠，十二指肠等部位发现较硬的积粪，提示各部位的肠便秘；大结肠及盲肠内充满气体，腹内压过高，提示肠鼓气；如果发现异常硬实肠段，触诊敏感，并有部分肠管呈鼓气者，多疑为肠套叠或肠变位；如果右侧腹腔触之异常空虚，可怀疑皱胃左方变位。

六、肝脏和脾脏的检查

（一）肝脏的检查

肝脏的检查，除用触诊、叩诊和肝功能化验外，必要时可进行穿刺及超声检查。

1. 触诊
肝区以观察动物反应，有时可感知肿大的肝脏边缘。

（1）马于右侧肋骨弓下强力触诊或冲击式触诊。

（2）牛于右侧肋骨弓下进行深部触诊。

（3）猪取左侧卧，检查者用手掌或并拢屈曲的手指沿右季肋下部进行深部触诊。

（4）犬从右侧最后肋骨后方，向前上方触压可以触知肝脏。

2. 叩诊

大动物用锤板叩诊法，仔猪用指指叩诊法，于右侧肝区进行叩诊，以确定肝浊音区。

病理变化：肝区敏感，提示急性肝炎；于肋弓下深触诊感知肝脏的边缘，提示肝脏高度肿大，常见于高产奶牛的脂肪肝、犬的传染性肝炎等。叩诊肝浊音区扩大，提示肝大，见于肝炎、肝硬化、肝脓肿、肝片吸虫病和肝中毒性营养不良。

（二）脾脏的检查

牛脾脏位置，由于紧贴在瘤胃的上壁，被肺后缘所覆盖，叩诊时不易发现特有的浊音区，只有在脾脏显著肿大的疾病（如炭疽、白血病等）时，才可于肺与瘤胃上部之间出现较小狭长的浊音区。

马的脾脏位于左侧腹部，肺叩诊区后方，其后缘接近左侧最后肋骨，上缘与左肾相接近。触诊时脾后缘超出肋弓，叩诊时浊音区扩大，见于脾肿大；脾脏叩诊浊音区后移，提示急性胃扩张。

第二节 血管系统的临床检查

一、心脏检查

（一）心搏动的视诊与触诊

1. 检查方法

检查者位于动物左侧方，用视诊主要观察肘后心区被毛及胸壁的振动情况。触诊时，检查者一只手（通常是右手）放于动物的鬐甲部，用另一只手（通常是左手）放于左侧肘头稍后方（牛则在肘头内侧）心区，注意感知胸壁的振动，主要判定其频率、强度及位置有无移动。

2. 正常状态

正常情况下，不易观察到振动，当心跳明显增强时，胸壁振动才明显可见。由于胸壁振动的强度，受动物的营养状态和胸壁厚度的影响。所以，营养过肥、胸壁较厚的动物，其心搏动较弱。相反，消瘦的个体胸壁较薄，其心搏动较强。动物在运动过后、兴奋或恐慌时，亦可见有生理性的搏动增强。

3. 病理变化

心搏动增强可见于各种原因所引起的心脏衰弱、心室无力，如热性病、心室肥大等。当心搏动过强，伴随每次心动而引起动物的体壁发生振动时称为心悸。心搏动减弱可见于各种原因所引起的心机能亢进，如心力衰竭（心衰），胸腔积液、积气，肺气肿。

（二）心脏叩诊

1. 检查方法

被检动物取站立姿势，使其左前肢伸出半步，以充分显露心区。大动物宜用锤板叩诊法，小动物可用指指叩诊法。

心脏叩诊主要感知有无敏感反应，浊音区域大小有无变化。按常规叩诊法，沿肩胛骨后角向下的垂线进行叩诊，直至心区，同时标记由清音转变为浊音的一点；再沿与前一垂线成45°左右的斜线，由心区向后上方叩诊，并标记由浊音变为清音的一点；连接两点所成的弧线，即为心脏浊音区的后上界。

2. 病理变化

心脏叩诊浊音区缩小，主要提示肺气肿。心浊音区扩大可见于心肥大、渗出性心包炎、肺萎陷、心包积水。当心区叩诊时，动物表现回顾、躲闪或反抗而呈疼痛不安，乃心区敏感反应，常是心包炎或胸膜炎的特征。当牛患创伤性心包炎时，除可见浊音区扩大和敏感反应外，有时呈鼓音或浊鼓音。

（三）心音的听诊

1. 检查方法

被检动物取站立姿势，使其左前肢迈出半步，以充分显露心区。

当心音过于微弱而听取不清时，可使动物做短暂的运动，并在运动之后立即听诊可使心音加强而便于辨认。

2. 正常状态

正常情况下，能够听到的是第一心音和第二心音。第一心音产生于心室收缩期，故称收缩音，音响低而混浊，持续时间长，尾音也长，类似"吟"的音响；第二心音产生于心室舒张期，又称心室舒张音，其音响高朗，持续时间短，尾音突然终止，发出类似"塔"的音响。

3. 病理变化

（1）心率高低变化。心率高于正常值时，称为心率过速；低于正常值时，称为心率徐缓。

（2）心音的强度变化。影响心音强度的主要因素包括心脏机能状态、循环血量及心音传导介质等。心音强度的变化可分为增强和减弱两种。

一是心音增强：两心音同时增强，见于热性病（初期明显）、心肌肥大等；第一心音增强，见于心收缩力代偿性增强、瓣膜高度紧张、心室充盈不良、血容量不足等；第二心音增强，可见于急性肾炎及左心室肥大、肺充血、肺水肿、肺气肿及二尖瓣闭锁不全等。

二是心音减弱：两心音同时减弱，见于危重病例及胸壁浮肿、胸腔积气积液、肺气肿、渗出性心包炎等；单纯的第一心音减弱并不多见，只在心肌梗死、心肌炎末期及瓣膜钙化失去弹性时表现出来；第二心音减弱，可见于血容量减少的各种疾病，如大失血、剧烈呕吐、腹泻引起的脱水等。

（3）心音性质变化。常表现为心音混浊，音调低而钝浊，含混不清，主要见于心肌变性、瓣膜病变以及高热性疾病、严重贫血和猪丹毒等传染性疾病。

（4）心律不齐。表现为心脏活动的快慢不均及心音的间隔不等或强弱不一。主要提示心脏的兴奋性与传导机能的障碍或心肌损害。

二、脉管检查

（一）动脉脉搏的检查

1. 检查方法

马测颌外动脉，牛测尾动脉（距尾根 10cm 左右处），猪、羊、犬和猫测股内动脉。检查颌外动脉时，检查者位于动物头部左侧，一只手（左手）握住动物笼头；检手（右手）的食指及中指放于下颌支内侧的血管切迹处，拇指则放于下颌支外侧。

检查尾动脉时，检查者位于动物臀部的后方，一只手（左手）握住动物的尾梢部；检手（右手）的食指及中指放于股内侧的股动脉上，拇指放于股外侧。

检查时，除注意计算脉搏的频率外，还应判定其脉搏的性质（主要是搏动的大小、强度、软硬及充盈状态等）及有无节律的变化，脉搏的频率及其改变。

2. 正常状态

健康动物的脉搏性质表现为：脉管有一定的弹性，搏动的强度中等，脉管内的血量充盈适度。正常的脉搏节律，其强弱一致、间隔均等。

3. 病理变化

脉管高度充盈者为实脉，属实病，如热性病的早期、肠便秘等；充盈不良者为虚脉，多属虚病，见于大失血、脱水及久病患畜；脉搏力量强者为强脉，见于热性病早期、心室肥大等；脉搏力量弱者为弱脉，见于心衰、热性病及中毒病后期；脉搏振幅大者为大脉，说明心收缩力强，射血量也多，主要见于代偿性心肥大、热性病初期；反之为小脉，表明心收缩力较弱，射血量也少，见于代偿性心功能衰竭；脉管紧张度高者为硬脉，可见于破伤风、急性肾炎或伴有剧痛性疾病；迟缓者为软脉，在心衰、失血及脱水时多见。

（二）表在静脉检查

1. 检查方法

主要观察表在静脉（如颈静脉、胸外静脉等）的充盈状态及颈静脉搏动。

2. 正常状态

一般营养良好的动物，表在静脉管不明显；较瘦或皮薄毛稀的动物则较为明显。正常情况下，某些动物（如牛、马）在颈静脉沟处可见有随心脏活动而出现的自颈基部向颈上部反流的搏动称静脉搏动。通常其反流波不超过颈下部的1/3。

3. 病理变化

当牛患创伤性心包炎时，可见颈静脉的高度充盈、隆起并呈绳索状。局部静脉瘀血，多是由于该部组织受压的结果，同时也出现其周围组织的水肿。颈静脉周围出现肿胀、硬结，并伴有热、痛反应，是颈静脉及其周围炎症的特征，多为静脉注射时消毒不严或静脉注射刺激性药物（如氯化钙等）漏于脉管外的缘故。静脉的搏动高度超过颈下部的1/3处，多为病态。

第三节　泌尿、生殖器官的临床检查

从动物整体而言，泌尿器官与全身的机能活动有密切关系。肾脏是机体最重要的泌尿器官，不仅排泄代谢最终产物种类多、数量大，而且不定期参与体内水、电解质和酸碱平衡的调节，维持体液的渗透压。肾脏还分泌某些生物活性物质，如肾素促红细胞生成素、维生素 D_3 和前列腺素等。如果肾脏和尿路的机能活动发生障碍，代谢最终产物的排泄将不能正常进行，酸碱平衡、水和电解质的代谢就会发生障碍，内分泌功能也会失调，从而导致机体各器官的机能紊乱。另外，泌尿器官与心脏、肺脏、胃肠、神经及内分泌系统有着密切的联系，当这些器官和系统发生机能障碍时，也会影响肾脏的排泄机能和尿液的理化性质。因此，掌握泌尿器官和尿液的检查和检验方法及泌尿系统患病的症状学，不仅对泌尿器官本身，而且对其他各器官、系统疾病的诊断和防治都具有重要意义。单纯的泌尿生殖系统疾病在临床上少见，常见的是其他疾病继发的，所以我们在临床检查的时候，很容易被表面现象所掩盖而忽视原发病。泌尿系统的检查方法，主要有问诊、视诊、触诊（外部或直肠内触诊）、探诊、肾脏机能检查、排尿和尿液的检查。必要时还可应用膀胱镜、X 线等特殊检查方法。

生殖是保证动物种属延续的各种生理过程的总称。哺乳动物的生殖是通过两性生殖器官的活动来实现的。生殖系统检查主要是指对外生殖器官和乳房的检查。生殖系统的检查方法，主要有视诊和触诊，其中以触诊较为重要。

一、排尿动作及尿液的感官检查

排尿障碍的检查，包括排尿姿势、排尿次数和尿量的检查。

（一）排尿姿势的检查

各种家畜正常排尿姿势，因种类和性别不同，排尿姿势也不尽相同。

但大都采取站立姿势。母畜排尿时，停止采食及行动，后肢向后侧方展开，后躯稍下沉，尾上举。公马排尿与母畜同，但尾不上举。公牛、公羊在行走及采食中均可排尿，静止时排尿也不改变姿势。公猪排尿自然站立，不改变姿势，尿液分段射出。公犬采取坐位排尿。

1. 尿淋沥

尿淋沥的特征是病畜排尿不畅，排尿困难，尿呈点滴状、线状或断续排出，见于尿闭、尿失禁及排尿疼痛的疾病。

2. 排尿疼痛

排尿疼痛的特征是病畜排尿时弓腰，腹肌强烈收缩，反复用力，前肢刨地，后肢踢腹，头不断后盼或摇尾、呻吟，屡呈排尿姿势，但无尿液排出，或尿液呈点滴状或线状排出，排尿完后，仍较长时间保持排尿姿势，见于膀胱炎、尿道炎、尿道阻塞、阴道炎等。

（二）排尿次数及尿量的检查

排尿次数和尿量多少与肾脏的分泌机能、尿路状态、饲料含水量及家畜饮水量、气温、季节及使役程度等因素有密切的关系。

1. 多尿

排尿次数增多，而每次排尿量增多或不减少，是肾小球滤过机能增强或肾小管重吸收能力减弱的结果。见于慢性肾炎初期（因肾小管上皮受损伤，重吸收能力减弱），渗出性胸炎、腹膜炎的吸收期（由于尿液中溶质浓度增高超过肾小管重吸收能力）及糖尿病（因尿糖增多影响水的重吸收）。

排尿次数增多，每次尿液减少的，又称尿频。尿液呈点滴状排出的，由膀胱、尿道、阴门黏膜敏感性增高引起。见于膀胱炎、尿道炎及阴道炎。

2. 少尿

少尿表现为排尿次数减少，尿量也少，是肾泌尿机能降低或机体脱水引起的。见于急性肾炎、心脏衰竭、胸腹膜炎（渗出性炎症及剧烈腹泻等）。直检时膀胱无尿液，导尿也无尿液排出或排出量很少。

3. 无尿

不见排尿，主要是由于肾泌尿机能衰竭，输尿管、膀胱、尿道阻塞及膀胱破裂引起。见于急性肾小球炎症的初期或慢性肾炎的后期，因肾小球不能滤过尿液发生；尿道及输尿管阻塞、膀胱破裂或膀胱麻痹等。临床上常分为肾前性少尿或无尿、肾源性少尿或无尿、肾后性少尿或无尿。直检可以确诊。

4. 尿闭（尿潴留）

肾脏泌尿机能正常，而膀胱充满尿液不能排出的称为尿闭。此时或完全不能排尿或尿液呈点滴状流出，这多是由于尿路受阻引起。见于尿道阻塞、膀胱麻痹、膀胱括约肌痉挛或腰荐部脊髓损伤等。直检可确定诊断。

5. 尿失禁

不受意识控制的排尿，称为尿失禁。主要见于腰荐部脊髓受损、膀胱括约肌麻痹以及脑部疾病等。

（三）尿液的感官检查

1. 尿液的颜色

家畜由于种类不同，尿色也不一样。一般来说，马尿呈深黄色；黄牛及奶牛尿呈淡黄色；水牛及猪尿呈水样。病理情况下常见于以下几种。

（1）红尿。指尿液呈红色，虽然红色物质不同，来源不同，但在直观检查中均以红色为特征。红尿见于尿中含有血液、血红蛋白、肌红蛋白或某些药物等。

血尿：尿中混有血液称为血尿。血尿在家畜中较多见，血尿的诊断首先应确定是否血尿和出血部位及病变性质。若为全程血尿，则表示肾出血，尿呈洗肉水样均匀色。尿沉渣镜检有红细胞、管型及肾上皮细胞。若为初始血尿，则表示尿道出血，尿沉渣内有细条凝血丝，镜检有尾状上皮细胞或扁平上皮细胞，见于重症尿道炎。若为终末血尿，则表示膀胱出血，尿沉渣内有大小不等的凝血块，镜检有大量扁平上皮细胞，见于重症膀胱炎。

血红蛋白尿：尿内含有游离的血红蛋白，称为血红蛋白尿。尿呈葡萄酒红色，透明。尿沉渣镜检无红细胞或仅有少许红细胞。见于溶血性疾病，如幼驹溶血病、犊牛水中毒、焦虫病及败血症等。

肌红蛋白尿：尿内含有肌红蛋白的称为肌红蛋白尿。尿呈红色或茶色，由于肌红蛋白分子小，容易从肾小球滤出，故血浆不呈红色，镜检无红细胞，见于马麻痹性肌红蛋白尿病。

（2）黄褐色尿。当尿内含有一定量胆红素或尿胆原时，则尿呈黄褐色或绿色，主见于实质性肝炎及阻塞性黄疸。另外，服用了呋喃类药物、维生素 B_2、四环素和土霉素时也呈黄色。

（3）蓝色尿。服用某些药物时出现，如亚甲蓝、溶石素等。

（4）黑色尿。注射石炭酸和酚类制剂时出现。

（5）白色尿。主要因为尿液中混有脂肪所致，犬常见。另外，见于泌尿系统的化脓性炎症。

2. 尿液的气味

正常生理情况下，大家畜的尿液呈厩舍味，猪的尿液呈大蒜味，猫的尿液呈腥臭味。

（1）氨臭味。尿液在膀胱内停留时间过久造成氨发酵，主要见于尿道结石、膀胱括约肌痉挛和膀胱平滑肌麻痹。

（2）腐臭味。主要见于尿路、膀胱的坏死性炎症和溃疡以及尿毒症。

（3）酮臭味。主要见于反刍动物酮病和奶牛的生产瘫痪。

3. 尿液的透明度和黏稠度

正常情况下，马属动物的尿液混浊不透明有一定的黏稠度，静置后沉淀，如果马属动物的尿液变得透明且黏稠度降低，除过劳、过量饲喂精料外，主见于酸中毒和骨软症；反刍动物的尿液透明不混浊且黏稠度低，静置后不沉淀，如果反刍动物的尿液变得混浊不透明，主见于肾脏和尿路的疾患。

二、泌尿器官（肾、膀胱及尿道）的检查

（一）肾脏的检查

1. 肾脏的位置

肾脏是一对实质性器官，位于脊柱两侧腰下区，包于肾脂肪囊内，右

肾一般比左肾稍在前方。

（1）牛的肾脏具有分叶结构。左肾位于第三至第五腰椎横突的下面，不紧靠腰下部，略垂于腹腔中，当瘤胃充满时，可完全移向右侧。右肾呈长椭圆形，位于第十二肋间及第二至第三腰椎横突的下面。

（2）羊的肾脏表面光滑，不分叶。左肾位于第一至第三腰椎横突的下面，右肾位于第四至第六腰椎横突下面。

（3）马的左肾呈豆形，位于最后胸椎及第一至第三腰椎横突的下面；右肾呈圆角等边三角形，位于最后二至三胸椎及第一腰椎横突的下面。

（4）猪的肾脏左右两肾几乎在相对位置，均位于第一至第四腰椎横突的下面。

（5）犬的肾脏较大，蚕豆外形，表面光滑。左肾位于第二至第四腰椎横突的下面；右肾位于第一至第三腰椎横突的下面。右肾因胃的饱满程度不同，其位置也常随之改变。

（6）禽的两个肾脏都较大，占体重的 1%~2.6%，嵌入在腰荐椎两侧横突之间，使肾脏背面形成相当深的压迹，其间有气囊作为缓冲带，将肾脏与椎骨横突隔开。肾脏分为前、中、后三叶，有时还分出一侧叶。

2. 肾脏的检查方法

动物的肾脏一般虽可用触诊和叩诊等方法进行检查，但因其位置和动物种属关系，有一定局限性，大动物比较可行的方法是通过直肠进行触诊。体格较小的大动物可触得左肾的全部，右肾的后半部。诊断肾脏疾病最可靠的方法还是尿液的实验室检查。临床一般检查中，如发现排尿异常、排尿困难以及尿液的性状发生改变时，应详细询问病史，重视泌尿器官，特别是肾脏的检查，也可结合肾脏患病所引起的综合症状，尿液的实验室检查，以及必要的肾脏功能检查等方法，以判定肾脏的机能状态和病理变化。

（1）视诊。某些肾脏疾病（如急性肾炎、化脓性肾炎等）时，由于肾脏的敏感性增高，肾区疼痛明显，病畜常表现出腰背僵硬、拱起，运步小心，后肢向前移动迟缓。牛有时在腰脏区呈膨隆状；马间或呈现轻度肾性腹痛；猪患肾虫病时，拱背、后躯摇摆。此外，应特别注意肾性水肿，通常多发生于眼睑、腹下、阴囊及四肢下部。

（2）触诊。触诊为检查肾脏的重要方法。大动物可行外部触、叩诊和直肠触诊；小动物则只能行外部触诊。外部触或叩诊时，注意观察有无压痛反应。肾脏的敏感增高则可能表现出不安、拱背、摇尾和躲避压迫等反应。直肠触诊应注意检查肾脏的大小、形状、硬度、有无压痛、活动性、表面是否光滑等。

在病理情况下，肾脏的压痛可见于急性肾炎、肾脏及其周围组织发生化脓性感染、肾肿胀等，在急性期压痛更为明显。

直肠触诊如感到肾脏肿胀、增大、压之敏感，并有波动感，提示肾盂肾炎、肾盂积水、化脓性肾炎等。肾脏质地坚硬、体积增大、表面粗糙不平，可提示肾硬变、肾肿瘤、肾结核、肾石及肾盂结石。肾脏肿瘤时，触诊常呈菜花状。肾萎缩时，其体积显著缩小，多提示为先天性肾发育不全或萎缩性肾盂肾炎及慢性间质性肾炎。

3. 肾盂及输尿管的检查

肾盂位于肾窦之中，输尿管是一细长而可压扁的管道，起自肾盂，终至膀胱。健康动物的输尿管很细，经直肠难于触及。在肾盂积水时，可能发现一侧或两侧肾脏增大，呈现波动，有时还可发现输尿管扩张。牛肾盂肾炎时，直肠触诊肾盏部，患畜可呈现疼痛反应。输尿管严重发炎时，由肾脏至膀胱的径路上可感到输尿管呈粗如手指、紧张而有压痛的索状物。严重的肾盂或输尿管结石的病例，当直肠触诊时，可发现肾脏的触痛，有时还能在肾盂中触摸到坚硬的石块和感到石块之间相互摩擦，或经直肠触诊到停留于输尿管中的豌豆大至蚕豆大坚硬的结石，同时病畜呈疼痛反应。在输尿管积液时，直肠内触诊可能产生捻裂音样感觉。

（二）膀胱的检查

膀胱为储尿器官，上接输尿管，下连尿道。因此，膀胱疾病除膀胱本身原发外，还可继发于肾脏、尿道及前列腺疾病等。

大动物的膀胱位于盆腔的底部。膀胱空虚时触之柔软，大如梨状；中度充满时，轮廓明显，其壁紧张，且有波动；高度充满时，可占据整个盆腔，甚至垂入腹腔，手伸入直肠即可触知。

牛、马大动物的膀胱检查，只能行直肠触诊；小动物可将食指伸入直肠进行触诊，或在腹部盆腔入口前缘施行外部触诊。检查膀胱时，应注意其位置、大小、充满度、膀胱壁的厚度以及有无压痛等。

在病理情况下，膀胱疾患所引起的临床症状表现有尿频、尿痛、膀胱压痛、排尿困难、尿潴留和膀胱膨胀等。直肠触诊时，膀胱可能增大、空虚、有压痛，其中也可能含有结石块、瘤体物或血凝块等。

膀胱增大的原因多继发于尿道结石、膀胱括约肌痉挛、膀胱麻痹、前列腺肥大、膀胱肿瘤以及尿道的瘢痕和狭窄等，有时也可由于直肠便秘压迫而引起，此时触诊膀胱高度膨胀。当膀胱麻痹时，在膀胱壁上施加压力，可有尿液被动地流出，随着压力停止，排尿也立即停止。

膀胱空虚除肾源性无尿外，临床上常见于膀胱破裂。膀胱破裂多为外伤引起，或为膀胱壁坏死炎症（如溃疡性破溃）所致。种种原因引起的尿潴留而使膀胱过度充满时，由于内压增高，受到直接或间接暴力的作用也可破裂。膀胱破裂多发生于牛、羊、马和猪，此时患畜长期停止排尿，腹部逐渐增大，下腹侧向下、向外膨大，腹腔积尿。直肠检查时，膀胱完全空虚，膀胱呈现浮动感，腹腔穿刺时，可排出大量淡黄、微混浊、有尿臭气味的液体，或为浊红色混浊的液体；镜检此液体中有血细胞和膀胱上皮。严重病例，在膀胱破裂之前，有明显的腹痛症状。有时持续而剧烈，破裂后因尿液流入腹腔往往引起腹膜炎和尿毒症，有时皮肤可散发尿臭味。

膀胱压痛，见于急性膀胱炎、尿潴留或膀胱结石等。当膀胱结石时，在膀胱过度充满的情况下触诊，可触摸到坚硬如石的硬块物或沉积于膀胱底部的沙石状结石。

肉食动物的膀胱，位于耻骨联合前方的腹腔底部。在膀胱充满时，可能达到脐部，检查时可由腹壁外进行触诊，感觉如球形而有弹性的光滑物体。

在膀胱的检查中，较好的方法是膀胱镜检查，借此可以直接观察到膀胱黏膜的状态及膀胱内部的病变，也可根据窥察尿管口的情况，判定血尿或脓尿的来源。此外，小动物也可用 X 线造影术进行检查。

（三）尿道检查

1. 检查方法

对尿道可通过外部触诊、直肠内触诊和导管探诊进行检查。

公牛、公马位于骨盆腔部分的尿道，可通过直肠内触诊，位于骨盆腔及会阴以下的部分，可行外部触诊。公牛及公猪的尿道有"S"状弯曲，导尿管探查较为困难；公马可行导尿管探查。

2.病理变化

急性尿道炎，病畜呈现尿频和尿痛，尿道外口肿胀，常有黏液或脓性分泌物排出；公畜尿道结石，表现为尿淋沥或无尿，触诊结石部位膨大坚硬并有疼痛反应；导管探查会遇到梗阻。

三、外生殖器的检查

（一）公畜外生殖器检查

1.检查方法

观察动物的阴囊、阴筒、阴茎有无变化，并配合触诊进行检查。

2.病理变化

阴囊肿胀，触诊留指压痕，多为皮下浮肿的表现；阴囊肿大，触诊睾丸肿胀并有热痛反应提示睾丸炎。马单侧阴囊肿大，触诊内容物柔软，并有疼痛不安反应时，应注意阴囊疝；猪的包皮囊肿时，提示包皮囊积尿或包皮炎。

（二）母畜外生殖器检查

1.检查方法

观察分泌物及外阴部有无变化；必要时可用开器进行阴道深部检查，观察黏膜颜色，有无疱疹、溃疡等病变，同时注意子宫口状态。

2.病理变化

阴道分泌物增多，流出黏液或脓性液体，阴道黏膜潮红、肿胀、溃疡，见于阴道炎、子宫炎。马外阴部皮肤有圆形或椭圆形斑块，可见于媾疫；猪、牛的阴户肿胀，见于镰刀菌、赤霉菌中毒病。阴道或子宫脱出时，在阴门外有脱垂的阴道或子宫；母牛胎衣不下时，阴门外吊着部分胎衣。

四、乳房的检查

乳房的检查对乳腺疾病的诊断具有很重要的意义。检查乳房主要用视诊、触诊以及乳汁的感官检查。

视诊应该注意乳房大小、形状、颜色以及有无外伤、水疱、结节、脓疱等。如果牛、羊的乳房上出现水疱、结节和脓疱多为痘疹、口蹄疫。

触诊可确定乳房皮肤的薄厚、温度、软硬度及乳房淋巴结的状态，有无肿胀及其硬结部位的大小和疼痛程度。

当发生乳腺炎时，炎症部位肿胀、发硬，皮肤呈紫红色，有热痛反应，有时乳房淋巴结也肿大，挤奶不畅。炎症可发生于整个乳区或某一乳区。如发生乳房结核时，乳房淋巴结显著肿大，形成硬结，触诊常无热痛。

乳汁的感官检查，除隐性乳腺炎外，临床型乳腺炎乳汁性状都有变化。检查时可将各乳区的乳汁分别挤入手心或盛于器皿内进行观察，注意乳汁颜色、黏稠度和性状。如果乳汁黏稠且内含絮状物或纤维蛋白性凝块，或脓汁、带血，可为乳腺炎的重要指征。必要时进行乳汁的化学成分分析和显微镜检查。

第四节　呼吸系统的临床检查

呼吸系统包括鼻腔、咽喉、气管、支气管和肺脏。呼吸系统是动物机体与外界环境进行气体交换，维持生命活动的重要系统，同时也是异物、病原侵入的主要门户，所以呼吸系统疾病发病率较高，尤其是幼龄、老弱、役用家畜和冬春气候寒冷骤变季节。呼吸系统的检查包括呼吸动作的检查、鼻液的检查、咳嗽的检查、上呼吸道的检查和胸部的检查。常用的检查方法包括视诊、触诊、叩诊、听诊，必要时应用支气管镜和X线检查。

一、呼吸运动的检查

（一）呼吸频率

各种动物呼吸频率的正常值如前所述。病理情况下，常见于呼吸次数增多（如各种呼吸器官疾病、热性病、贫血和某些中毒）和呼吸次数减少（如各种脑炎、脑肿瘤、脑积水和濒死期）。

（二）呼吸类型

健康动物的呼吸类型均属胸腹式呼吸（但犬为胸式呼吸），即在呼吸时胸壁和腹壁的起伏动作协调一致，强度大致相同，又称混合式呼吸。病理情况下，表现为胸式呼吸和腹式呼吸。

1. 胸式呼吸

呼吸活动中胸壁的起伏动作特别明显，而腹壁运动微弱。见于腹腔器官疾病，如急性腹膜炎、瘤胃鼓气、重度肠鼓气和腹壁外伤等。

2. 腹式呼吸

呼吸活动中腹壁的起伏动作特别明显，而胸壁活动微弱。见于胸腔器官疾病,如肺气肿、胸膜炎、胸腔积液、肋骨骨折等。

3. 呼吸节律

健康动物吸气与呼气所持续的时间有一定的比例,每次呼吸的强度一致,间隔时间相等,称为节律性呼吸。呼吸节律异常常见于以下3种情况。

(1)潮式呼吸。其特征是呼吸逐渐加强、加深、加快,当达到高峰后,又逐渐变弱、变浅、变慢,最后呼吸暂停(数秒至数十秒),然后又以同样的方式反复出现。临床上主要见于各种脑病、心力衰竭、某些中毒性疾病和呼吸中枢兴奋性减退等。

(2)库氏呼吸。呼吸不中断,但变成深而慢的大呼吸,并且每分钟呼吸次数减少。是呼吸中枢衰竭的晚期表现,表示病情危重,预后不良。临床上主要见于疾病濒死期、脑脊髓炎、脑水肿、大失血及某些中毒病等。

(3)毕氏呼吸。其特征是呼气和吸气分成若干个短促的动作,即数次连续的、深度大致相同的深呼吸和呼吸暂停交替出现。是呼吸中枢兴奋性极度降低的表现,表示病情危重。临床上主要主见于胸膜炎、慢性肺气肿、脑炎、中毒病及濒死期。

4. 呼吸困难

健康家畜呼吸不需特殊用力,如呼吸用力而呼吸数、呼吸式、呼吸节律发生改变的称为呼吸困难。高度呼吸困难称为气喘。呼吸困难是呼吸器官疾病的一个重要症状,但其他器官患有严重疾病时,也可出现呼吸困难。根据引起呼吸困难的原因及其表现形式,有以下3种类型。

(1)吸气性呼吸困难。特征是吸气用力,吸气时间显著延长,辅助吸气肌参与活动,常伴发特异的吸入性狭窄音(口哨音)。病畜呈现头颈平伸、鼻翼开张、四肢广踏、胸廓扩展,严重者张口吸气,是上呼吸道狭窄的特征。见于鼻腔狭窄、喉水肿、马腺疫、血斑病、猪传染性萎缩性鼻炎、鸡传染性喉气管炎等。

(2)呼气性呼吸困难。特征是呼气用力,呼气时间显著延长,辅助呼气肌参与活动,多呈二重呼吸,高度呼吸困难时可见沿肋骨弓形成凹陷的喘气及肛门一出一入形成的肛门运动等,是肺组织弹性减弱和细支气管狭窄,肺泡内气体排出困难的特征。见于急性细支气管炎、慢性肺气肿和胸膜肺炎等。

（3）混合性呼吸困难。临床上最多见。其特征是吸气和呼气均发生困难，同时伴有呼吸次数的增加，吸气和呼气鼻孔均扩张，是由于呼吸面积减少，气体交换不全，血中二氧化碳浓度增高，引起呼吸中枢兴奋的结果。见于呼吸器官疾病（如支气管炎、肺及胸膜疾病）、循环系统疾病（如心肌炎、心内膜炎、创伤性心包炎和心力衰竭）、贫血性疾病（如各种类型的贫血、焦虫病）、中毒性疾病（亚硝酸盐中毒、氢氰酸中毒、有机磷农药中毒、尿毒症、酮血症和严重的胃肠炎等）。

二、呼出气、鼻液和咳嗽的检查

（一）呼出气的检查

嗅诊呼出气及鼻液有无特殊气味。如呼出气有难闻的腐败气味，见于上呼吸道或肺脏的化脓性或腐败性炎症、肺坏疽、霉菌性肺炎等；呼出气有酮臭气味，见于反刍动物酮血病。

（二）鼻液的检查

健康家畜一般无鼻液，气候寒冷季节有些动物可有微量浆液性鼻液，马常以喷鼻和咳嗽的方式排出，牛则常用舌舔去和咳出，若有大量鼻液流出，则为病理特征。

1. 鼻液数量

主要取决于疾病发展时期、程度、病变性质和范围。

（1）少量鼻液。见于急性呼吸道炎症的初期和慢性呼吸道疾病。如上呼吸道炎症、急性支气管炎及肺炎的初期；慢性支气管炎、鼻疽及肺结核等。

（2）多量鼻液。主要见于急性呼吸道疾病的中后期。如急性鼻炎、急性咽喉炎、急性支气管炎、急性支气管肺炎、肺坏疽、大叶性肺炎的溶解消散期和某些侵害呼吸道的传染病。

（3）一侧性鼻液。见于一侧性鼻炎、一侧性副鼻窦炎、一侧性喉囊炎。

（4）两侧性鼻液。见于双侧性鼻炎及喉以下的呼吸道炎症。

（5）鼻液时多时少。在诊断上有特殊的意义。当病畜低头或运动时，突然从一侧鼻腔流出多量鼻液，以后终日不见或仅有少量鼻液，是额窦、颌窦、喉囊炎的主要症状；如从两侧鼻腔流出多量鼻液，见于肺坏疽。

2. 鼻液性状

由于炎症的种类和病变的性质不同而异，一般在呼吸道炎症疾病经过中，按其渗出物特点，开始为浆液性，逐渐变为黏液性和脓性，最后渗出物停止而愈。

（1）浆液性鼻液。无色透明，稀薄如水。鼻液中含有少量白细胞、上皮细胞和黏液。见于急性呼吸道炎症的初期、流行性感冒等。

（2）黏液性鼻液。鼻液黏稠，呈灰白色。鼻液中含有多量黏液、脱落的上皮细胞和白细胞，呈引缕状。见于呼吸道黏膜急性炎症的中期。

（3）脓性鼻液。鼻液黏稠混浊，呈黄色或黄绿色。鼻液中含有多量中性白细胞和黏液。常见于呼吸道黏膜急性炎症的后期及副鼻窦炎、马鼻疽、肺脓肿破裂等。

（4）腐败性鼻液。鼻液污秽不洁，呈褐色或暗褐色。鼻液中含有腐败坏死组织，有恶臭和尸臭味，是腐败性细菌作用于组织的结果。见于马腺疫、肺坏疽和腐败性支气管炎等。

（5）血性鼻液。鼻液内混有血丝或血块，颜色鲜红，见于鼻腔出血；颜色粉红或鲜红，并且混有气泡，见于肺出血、肺坏疽、败血症。

（6）铁锈色鼻液。见于大叶性肺炎及传染性胸膜肺炎。

3. 混杂物

鼻液混有大量的唾液、饲料残渣，见于咽炎及食管阻塞；鼻液中混有胃液，见于马急性胃扩张；鼻液中混有大小一致的泡沫，见于肺水肿。

4. 鼻液弹力纤维的检查

检查弹力纤维时，取2~3ml鼻液放于试管中，加入等量的10%氢氧化钠（钾）溶液，在酒精（乙醇）灯上边振荡边加热煮沸，使其中的黏液、脓汁及有形成分溶解，然后离心沉淀5~10min，取少许沉淀物滴于载玻片上，加盖玻片镜检。

弹力纤维呈透明的折光性较强的细丝状弯曲物，如羊毛状，且有双层轮廓，两端尖或呈分叉状，常集聚成乱丝状。弹力纤维的出现，表示肺组织溶解、破溃或有空洞存在。见于异物性肺炎、肺坏疽、肺脓肿和肺结核等。

（三）咳嗽的检查

咳嗽是动物的一种保护性反射动作，借以将呼吸道异物或分泌物排出体外。咳嗽也是一种病理表现，当呼吸道有炎症时，炎性渗出物或外来刺激，引起咳嗽。

检查咳嗽的方法可听取病畜的自然咳嗽，必要时常采用人工诱咳法。人工诱咳法，拇指与食指、中指捏压喉头或气管的第一、第二环状软骨，即可诱发咳嗽。检查咳嗽时，应注意其性质、频度、强度和疼痛。

1. 咳嗽性质

（1）干咳。呼吸道内无分泌物或仅有少量黏稠的分泌物时发生。其特征是咳嗽无痰，咳声干而短，见于慢性支气管炎、急性支气管炎的初期和胸膜炎。

（2）湿咳。呼吸道内积有多量稀薄的渗出物时发生。其特征是咳嗽有痰，咳声钝浊，湿而长。见于急性咽喉炎、支气管炎及支气管肺炎等。

（3）疼咳。咳嗽伴疼痛。其特征是咳嗽短而弱，患畜伸颈摇头，前肢刨地，尽力抑制咳嗽，且有呻吟和惊慌现象。见于急性喉炎、胸膜炎和异物性肺炎等。

2. 咳嗽频度

（1）稀咳。经过较长时间，才发生 1 至 2 声咳嗽，常反复发作而带有周期性。见于呼吸道急性炎症初期、慢性支气管炎、肺结核、鼻疽和肺丝虫病等。

（2）频咳。频繁而连续发作的咳嗽。见于急性喉头炎、气管炎、传染性上呼吸道卡他、弥漫性支气管炎、猪气喘病、山羊支原体肺炎。

（3）痉咳。咳嗽连续发作，咳嗽一次持续时间很长，咳嗽剧烈而痛苦，是呼吸道内有强烈的刺激物，不易排出的结果。常见于呼吸道内有异物和异物性肺炎。

3.咳嗽强弱

（1）强咳。当肺组织弹性正常，且分泌物黏稠，咳嗽无痛时发生。其特征是咳嗽有力而强大。见于无痛性呼吸道疾病，如咽喉炎、慢性支气管炎和急性喉炎的初期。

（2）弱咳。当肺组织弹性降低、呼吸肌收缩无力和咳嗽疼痛时发生。其特征是咳嗽无力，咳声低弱，见于细支气管炎、支气管肺炎、胸膜炎、肺气肿和胸腔积液等。

三、上呼吸道的检查

（一）鼻腔的检查

检查马属动物时，检查人员站于马头左（右）前方，左手的拇指和中指夹住鼻翼软骨向上拉起，用食指挑起外侧鼻翼即可检查；检查其他动物时，可将其头抬起，使鼻孔对着阳光或人工光源，即可观察鼻黏膜；检查小动物时，可使用开鼻器，将鼻孔扩开进行检查。主要注意其颜色、分泌物，有无肿胀、水疱、溃疡、结节和损伤等。正常情况下，鼻黏膜为淡红色，表面湿润富有光泽，略有颗粒，牛鼻孔附近黏膜上常有色素。

在临床上，鼻黏膜潮红，见于鼻卡他、流行性感冒；鼻黏膜肿胀，见于急性鼻炎；鼻黏膜点状出血，见于马传染性贫血、焦虫病、血斑病和败血症；鼻黏膜水疱，见于口蹄疫、猪传染性水疱病和水疱性口炎；鼻黏膜结节，即鼻黏膜出现粟粒大小、黄白色周围有红晕的结节，多分布于鼻中隔黏膜，见于鼻疽结节；鼻黏膜溃疡，浅在性溃疡见于鼻炎、腺疫、血斑病，深在性溃疡即边缘隆起如喷火口状，底部呈猪脂状灰白色或黄白色，常分布于鼻中隔黏膜，见于鼻疽溃疡；鼻黏膜瘢痕，呈星芒状或冰花样，见于鼻疽瘢痕。

（二）喉和气管的检查

常用视诊、触诊、叩诊和听诊，必要时可用X线透视和手术切开探查。检查者站在动物头颈侧方，以两手向后部轻压同时向下滑动检查气管，以感知局部温度，并注意有无肿胀。家禽可开口直接对喉腔及其黏膜进行视诊。

喉部肿胀并有热感，马见于咽喉炎、喉囊炎、腺疫；牛见于咽炭疽、牛肺疫、化脓性腮腺炎、创伤性心包炎；猪见于巴氏杆菌病、链球菌病；家禽见于传染性喉气管炎；触诊喉部有热有痛有咳嗽，见于急性喉炎、气管炎。

健康家畜喉和气管部听诊，可听到一种类似"呵"的声音，称为喉呼吸音。在气管出现的，称为气管呼吸音。在胸廓支气管区出现的，称为支气管呼吸音。这三种呼吸音的音性相同。如果喉和气管发生炎症或因肿瘤等发生狭窄时，则此音增强，如口哨音、拉锯音，有时在数步远亦可听到，见于喉水肿、咽喉炎、气管炎等。当喉和气管有分泌物时，可出现啰音，如分泌物黏稠可听到干啰音，分泌物稀薄时，可听到湿啰音。

（三）鼻旁窦的检查

鼻旁窦的检查，一般多用视诊、触诊和叩诊进行。必要时可用圆锯术、穿刺术和X线检查。

鼻旁窦主要是指额窦、颌窦和喉囊，其发病多为一侧性。若这些部位肿胀，有热有痛，鼻液断续由一侧流出，特别是鼻液呈凝乳状，叩诊呈浊音时，是发炎的表现；见于副鼻窦炎、喉囊炎等。

四、胸肺部的检查

胸肺部的检查是呼吸系统检查的重点。一般用视诊、触诊、叩诊和听诊检查，其中以叩诊和听诊最重要、最常用。必要时可应用X线检查、实验室检查和其他特殊检查。

（一）胸肺部的视诊

健康家畜的胸廓两侧对称同形，肋骨适当弯曲而不显凹陷。若两侧胸廓膨大，见于胸膜炎、肺气肿；若两侧胸廓显著狭窄，见于骨软症及佝偻病。

（二）胸肺部的触诊

胸肺部的触诊主要检查其温度、疼痛、震颤和有无变形等。如果胸壁体表温度增高，见于胸膜炎初期和胸壁损伤性炎症；如果胸壁疼痛，见于胸膜炎、肋间肌肉风湿症和肋骨骨折；如果胸壁震颤，见于胸膜炎初期及末期和泛发性支气管炎；如果在肋骨和肋软骨结合部能够触摸到肿胀变性的结节，见于骨软症和佝偻病。

（三）胸肺部的叩诊

1. 叩诊方法

大家畜用锤板法，小动物则用指指叩诊法。当发现病理性叩诊音时，应与对侧相应部位的叩诊音比较判断。

2. 肺的叩诊区

（1）马肺叩诊区略呈一长三角形。其前界为肩胛骨后角沿肘肌向下至第5肋间所画的垂线；上界为与脊柱平行的直线，距背中线10cm左右；后界为由第17肋骨与背界线交界处开始，向下向前经下列诸点所画的弧线，经髋结节线与第16肋间的交点，坐骨结节线与第14肋间的交点，肩端线与第10肋骨间的交点，而止于第5肋间。

（2）牛肺叩诊区为三角形，比马叩诊区小。其背界与马的相同，前界自肩胛骨后角沿肘肌向下画"S"状曲线，止于第4肋间，后下界自背界的第12肋骨上端开始，向前向下经髋结节线与第11肋间相交，经肩端线与第8肋间相交，终止于第4肋间。

（3）猪肺叩诊区上界距背中线4至5指宽，后界由第11肋骨处开始，向前向下，经坐骨结节线与第9肋间的交点，经肩端线与第7肋间的交点，而止于第4肋间的弧线。

（4）犬肺叩诊区前界距背中线4至5指宽，后界由第11肋骨处开始，向下向前经坐骨结节线与第9肋间之交点，肩关节水平线与第7肋间之交点而止于第4肋间。

3. 病理变化

叩诊时，动物表现回视、躲闪、反抗等不安现象，常见于胸膜炎。叩诊时，肺叩诊区扩大，见于肺气肿、气胸；肺叩诊区缩小，多为腹腔器官膨大、腹腔积液、心包积液压迫肺组织引起。后下界前移，见于急性胃扩张、急性瘤胃鼓气、肠鼓气、腹腔积液等；后下界后移，见于心包积液。

叩诊时，散在性浊音区，提示小叶性肺炎；成片性浊音区，提示大叶性肺炎；水平浊音，主要见于渗出性胸膜炎或胸腔积水。过清音，见于小叶性肺炎实变区的边缘，见于大叶性肺炎的充血期与吸收期，亦可见于肺疾患时的代偿区。鼓音主要见于肺泡气肿和气胸。

（四）胸肺部的听诊

1. 听诊的方法

一般用听诊器进行间接听诊。听诊时，宜先从肺部的中 1/3 开始，由前向后逐渐听取，其次为上 1/3，最后为下 1/3，每一听诊点的距离为 3~4cm，每一听诊点应听取 2 次或 3 次呼吸音，如发现异常呼吸音，应在附近及对侧相应部位进行比较，以确定其性质。

如呼吸微弱，呼吸音响不清时，可使病畜做短暂的运动或短时间闭塞鼻孔后，引起深呼吸，再进行听诊。另外听诊时应在室内安静条件下进行，避免受到外界因素的影响。

2. 生理性呼吸音

（1）肺泡呼吸音。健康动物胸部可听到类似轻读"呋"的肺泡呼吸音，是由空气通过毛细支气管及肺泡入口处狭窄部而产生的狭窄音与空气在肺泡内的旋涡流动时所产生的音响构成。其特征是吸气时明显，尤以吸气末期显著，呼气时由于肺泡转为弛缓，故肺泡呼吸音短而弱，仅在呼气初期可以听到。肺泡呼吸音在肺区 1/3 处最为明显。在各种动物中，马的肺泡音最弱，牛、羊较马明显，水牛最弱。幼年动物比成年动物肺泡音强。

（2）支气管呼吸音。一种类似将舌抬高而呼气时所发出的"呵"音，是空气通过声门裂隙时产生气流旋涡所致。

支气管呼吸音有生理和病理的两种。健康马，由于解剖生理的特殊性，肺部听不到支气管呼吸音。其他动物肺区前部，接近较大支气管的体表处，可听到支气管呼吸音。但并非纯粹的支气管呼吸音，而是带有肺泡呼吸音的混合性呼吸音。犬在其整个肺部都能听到明显的"呋""呵"混合性呼吸音。

3. 病理性呼吸音

（1）肺泡呼吸音增强。肺泡呼吸音普遍性增强是呼吸中枢兴奋，呼吸运动和肺换气加强的结果，常见于热性病；肺泡呼吸音局限性增强，是病变侵害一侧或部分肺组织，使其呼吸机能减退或消失，而健侧肺或无病变的部分呈代偿性呼吸机能亢进的结果，常见于支气管肺炎和大叶性肺炎；肺泡呼吸音粗粝，是由于毛细支气管黏膜充血肿胀，使肺泡入口处狭窄、肺泡呼吸音异常增强，常见于支气管炎、肺炎等。

（2）肺泡呼吸音减弱或消失。肺泡弹力降低引起的，见于肺气肿；支气管、肺泡被异物或炎性渗出物阻塞引起的，见于细支气管炎、肺炎；胸壁肥厚，呼吸音传导受阻引起的，见于胸腔积水、胸膜炎、胸壁水肿和纤维素性胸膜炎；胸壁疼痛，使呼吸运动障碍引起的，见于胸膜炎、肋骨骨折；支气管和肺泡被完全阻塞，气体交换障碍，见于大叶性肺炎、传染性胸膜肺炎。

（3）病理性支气管呼吸音。马肺部及其他家畜正常范围外的其他部位听诊出现支气管呼吸音，都是病理现象。这是肺实变的结果，由于肺组织的密度增加，传音良好所致。临床上见于各型肺炎、传染性胸膜肺炎、广泛性胸膜炎、广泛性肺结核、牛肺疫及猪肺疫等。

病理性混合性呼吸音：当较深部的肺组织发生炎性病灶，而周围被正常肺组织遮盖或浸润实变区和正常肺组织掺杂存在时，则肺泡音和支气管呼吸音混合出现，称为病理性混合性呼吸音。见于小叶性肺炎、大叶性肺炎的初期和散在性肺结核。在胸腔积液的上方有时可听到混合性呼吸音。

（4）啰音。啰音是伴随呼吸而出现的附加音响，是一种重要的病理特征。按其渗出物性质分为干啰音和湿啰音。

干啰音：干啰音是支气管炎的典型症状。是由于支气管黏膜发炎、肿胀、管腔狭窄并附有少量黏稠分泌物所引起。干啰音在吸气和呼气时均能听到，但吸气时最清楚。干啰音容易变动，可因咳嗽、深呼吸而有明显减少、增多和移位，或时而出现，时而消失为特征。其音性似蜂鸣、笛音、哨音。广泛性干啰音见于弥漫性支气管炎、支气管肺炎、慢性肺气肿及犊牛和羊的肺线虫病；局限性干啰音见于慢性支气管炎、肺结核、间质性肺炎等。

湿啰音（水泡音）：湿啰音是支气管炎的表现。按其发生部位不同分为大、中、小水泡音3种。湿啰音的产生是呼吸道和肺泡内存在稀薄分泌物，由于呼吸气流冲动，引起液体移位或形成水泡的破裂声，或气流冲动形成泡浪，或气流与液体混合而成泡沫状移动而产生。湿啰音在呼气和吸气时均可听到，但在吸气末期明显，似含漱音。由于稀薄分泌物，可随颤毛上皮运动及呼吸道气流冲动和咳嗽活动而移位或被排出，故咳嗽后可暂时消失，但经短时间之后又重新出现。见于支气管炎及支气管肺炎等。

捻发音：当支气管黏膜肿胀和积有黏稠的分泌物时，使细支气管壁黏着在一起，吸气时气流通过使其急剧分开所产生的一种爆裂音，类似捻发丝的声音。一般出现于吸气末期，或在吸气顶点最明显，大小一致，稳定而长期存在，不因咳嗽而消失。捻发音的出现，提示肺实变。主要见于细支气管炎、大叶性肺炎的充血期及溶解期、肺充血和肺水肿的初期。

胸膜摩擦音：正常胸膜壁层和脏层之间湿润而有光泽，呼吸运动时不产生声音。当胸膜发炎时，胸膜表面变为粗糙，且有纤维素附着，呼吸时两层胸膜摩擦而产生的一种声音，类似两粗糙物的摩擦音。胸膜摩擦音是纤维素性胸膜炎的特征性症状。主要见于牛肺疫、犬瘟热、马传染性胸膜肺炎等。

拍水音：类似拍击半满的热水袋或振荡半瓶水发出的声音，当胸腔积液时，病畜突然改变体位或心搏动冲击液体所产生的声音。主要见于渗出性胸膜炎和胸腔积液等。

第五节　神经系统的临床检查

一、中枢机能检查

健康动物大脑皮质的兴奋和抑制，保持着动态平衡。在病理状态下，特别是某些侵害中枢神经系统的原发病，如脑炎、狂犬病、日射病及热射病、有机磷和有机氯农药中毒等以及某些传染病（如伪狂犬病、传染性脑脊髓炎）都能引起神经机能的紊乱。神经机能的紊乱主要有抑制和兴奋两种。

（一）兴奋

大脑皮质兴奋性增高的表现。病畜狂躁不安、惊恐、攻击人畜、高声鸣叫等，见于狂犬病、脑炎和脑脓肿、脑肿瘤、脑包虫等。

（二）抑制

依其程度和表现不同分为嗜睡（沉郁）、昏睡和昏迷，见于各种中毒病、代谢病和脑炎。

在疾病的发展过程中，精神兴奋和抑制可互相转化或二者交替出现。

二、感觉机能检查

（一）视觉检查

除了对视力检查以外，还要进行眼睑、眼结膜、眼球和视网膜的检查。视力减退或消失，见于各种眼病和视神经异常，如白内障、青光眼、维生素 A 缺乏等；眼球突出，见于严重呼吸困难及剧烈腹痛，如喘气病；眼球下陷，见于高度消瘦、脱水等。

（二）听觉检查

不同距离呼唤动物或发出音响，以观察其反应。听觉增强，见于急性脑膜炎的初期、反刍动物酮病和破伤风；听觉减弱或消失，主要是延脑和大脑皮层颞叶损伤而引起，多见于中耳炎、内耳炎、鼓膜破裂等。

（三）皮肤感觉检查

皮肤感觉包括痛觉、温觉、触觉。兽医临床主要检查痛觉和温觉。

痛觉检查以针刺皮肤，动物出现反应来表示。痛觉增强，见于脊髓膜炎；痛觉减退或消失，见于脊髓损伤、麻醉及意识丧失的疾病。

温觉以手背感知，皮肤温度上升，见于热性病；皮肤温度下降，见于大失血、休克等。犬检查鼻镜的温度变化，是诊断疾病的一个重要方法。

三、运动机能检查

（一）肌肉的紧张状态

肌肉的紧张力增强而呈现不随意运动称为痉挛；肌肉收缩与弛缓交替出现称为间歇性痉挛，全身发生叫抽搐，常见于严重传染病（如猪瘟、伪狂犬病等）、某些中毒病、难产和代谢障碍等疾病。肌肉长时间的连续性收缩，而无间歇，叫强直性痉挛，见于破伤风和马钱子中毒等。

（二）运动的协调性

运动协调性障碍主要见于静止性失调和运动性失调。静止性失调是动物在站立状态下出现的失调，临床表现为病畜在站立状态下头部摇晃、身体歪斜、四肢肌肉紧张力降低、软弱、战栗。迈步时，步态跟跄不稳，常因小脑或前庭传导路径受损伤时所致。

运动性失调是动物在运动中出现的失调。其步幅、运动强度、方向均发生异常的改变。失去运动的节奏性、准确性和协调性，表现步样不稳、动作笨拙、四肢高抬、着地用力，如涉水样步态，主要见于大脑皮层、小脑或脊髓损伤时。

（三）瘫痪

瘫痪是指动物的随意运动减弱或消失。上位运动神经元（脑神经运动核的运动神经元）所发生的瘫痪，称中枢性瘫痪；下位运动神经元（脊髓腹角的运动神经元）损伤所发生的瘫痪，称外周性瘫痪。一侧体躯瘫痪的，叫偏瘫，是脑的疾病；后躯瘫痪的叫截瘫，是脊髓的损伤所致。

此外，患畜出现的不由自主地运动，称强迫运动，如盲目运动、圆圈运动等，见于各种脑炎或牛、羊的多头蚴病。

第四章　兽医技术临床应用

第一节　投药技术

不同形状的药物（如液体的煎剂、水剂、油类及流质药液，固体的丸剂、片剂、散剂等）在进行疾病防治时，对不同种属的个体可采用不同的用药方法。同时，根据动物的发病部位，采用合理的用药途径。临床常用的投药方法有拌料、饮水、灌服、投服等，用药途径包括经口投药、鼻胃管投药、直肠用药、子宫（阴道）投药等。合理的投药方法和途径，不但为临床操作带来很大方便，而且也有利于药效的发挥。

一、牛、羊的投药技术

（一）经口投药法

经口投药是牛、羊最常用的治疗技术之一，因其操作简单、易学而得以广泛应用。临床上根据病畜食欲的变化及所投药物的剂型而采用不同的投药方式。

1. 混料给药法

适合于病牛、羊尚有食欲、所投药物量少并且无特殊气味、用药时间较长的治疗过程。投药时，将药均匀地混入牛、羊的精饲料中，供其自行采食。但是，由于多数药物均有苦味和特殊气味，拌入精饲料中会使病畜拒绝采食或采食量下降，因此该法的使用有很大的局限性。

2. 灌服法

对于多数病情危重的、饮食欲废绝的病畜以及食欲尚可但不愿自行采食的病畜，都可以用强制的方法将药物经口灌入其胃内。此法适用于液体性药物或将药物用水溶解或调成稀粥样以及中草药的煎剂。灌服的药物一般应无强烈刺激性或异味。常用的灌药用具有灌角、竹筒、橡皮瓶或长颈酒瓶、药盆等。

（1）牛的灌药法。助手抓牢牛头，并让牛头紧贴自己的身体，紧拉鼻环或用手、鼻钳等握住鼻中隔使牛头抬起。术者左手从牛的一侧口角处伸入，打开口腔并用手轻压舌体。右手持盛满药液的药瓶或灌角伸入并送向舌的背部。此时术者可抬高药瓶或灌角后部并轻轻振动，使药液能流到病畜咽部，待其吞咽后继续灌服直至灌完所有药液。

（2）羊的灌药法。助手骑在羊的署甲部使之确实保定，并用双手从羊的两侧口角伸入，打开口腔并固定头部。术者将盛满药液的橡皮瓶送向羊舌背部，轻轻挤压瓶壁使药液流出，待其吞咽后继续灌服直至灌完所有药液。

（3）灌服法注意事项。灌药时，病畜要确实保定，术者动作要轻柔，以免造成不必要的医源性损伤。每次灌药药量不能太多，速度不宜太快，药的温度不要太高或太低（以接近动物体温为宜）。在灌药过程中，当病畜出现剧烈挣扎、吼叫、咳嗽时，应暂时停止灌服，并使其头低下，让药液咳出，待病畜状态恢复平静后继续灌服。病畜头部抬起的高度，应以口角与眼角的连接线略呈水平为宜。切忌抬得过高或牛头过度扭转，以免造成药物误吸，引起异物性肺炎或病畜死亡。在灌药过程中，应注意观察病畜的咀嚼、吞咽动作，以便掌握灌药的节奏。其他动物灌药时注意事项与此相同。

3. 口腔投服法

如果所投药物为片剂、丸剂或舔剂，常用直接经口投服的方法给药，必要时可采用投药枪；舔剂一般可用光滑的木板送服。对于个体较小的羊，由于口张不大，故可将药物做成指头大小的团块，用食指及拇指夹住送至舌根，也可将羊头抬高并打开口腔，对准舌根部投入使其咽下。

对牛投药时，可采用站立保定，助手适当固定其头部，防止乱动。术者一只手从一侧口角伸入打开口腔，另一只手持药片、药丸或用竹片刮取舔剂从另一侧口角送入病畜舌背部，病畜即可自然闭合口腔，将药物咽下。若药物不易吞咽，也可在投药后给病畜灌饮少量水，以帮助吞咽。有条件的情况下，可用投药枪给牛投放药物。常用的投药枪有单枚药丸投药枪和多枚药丸投药枪。单枚药丸投药枪在使用时需要有助手协助，否则术者在每投完药后，就要放开一次手，重新装药丸，而再次去抓住牛头就会比前一次困难得多，所以在操作时需要有助手帮助装药丸。而使用能放多枚药丸的投药枪时，便可以由术者一人完成。

（二）胃管投药法

患畜食欲废绝或所用水剂药物量过多、带有特殊气味，经口不易灌服时，此时一般需要使用胃管投给。对动物安插胃管不仅是一种用药途径，也是常用的治疗方法。临床上主要用于急性胃扩张、肠阻塞、瘤胃鼓气、瘤胃积食、瘤胃酸中毒、饲料或药物中毒、严重消化不良以及食欲废绝的患畜。常用药液包括防腐止酵剂如鱼石脂酒精溶液，健胃剂如稀盐酸、食醋，泻剂如液状石蜡、人工盐以及各类中药煎剂等。

1.牛的胃管投药方法

将牛保定好，胃管可从牛的口腔或鼻腔经咽部插入食管。经口插入时，应该先给牛戴上木质开口器，固定好头部，将涂布润滑油的胃管自开口器的孔内送入咽喉部；或持胃管经鼻腔送至咽喉部。当胃管尖端到达咽部，会感触到明显阻力，术者可轻微抽动胃管，促使其吞咽，此时随牛的吞咽动作顺势将胃管插入食管。必须通过多种方法判断，以确认胃管插入食管后才能投药。如果误将胃管插入到气管内而又不经过认真检查便盲目投药，则可能将药物直接灌入气管及肺内，引起异物性肺炎或窒息而死亡。

2.羊的胃管投药法

其操作方法与牛的大致相同，可参见牛的胃管投药法。

3.导胃和洗胃

根据患畜的病情不同，有时需要先行导胃或洗胃，再行胃管投药。比如饲料中毒，急救时要先行导胃，洗除胃内容物及残存毒物，避免毒素的吸收；反刍动物在治疗瘤胃鼓气和瘤胃积食时，也要先行导胃放气、洗胃，而后进行胃管投服防腐止酵剂和健胃剂。导胃和洗胃的方法及动作要领同胃管投药，只是目的有所不同。导胃和洗胃是先灌入大量的液体，利用虹吸原理，再用吸引机、抽气筒反复抽吸，以排出胃内大部分内存物。洗胃时所用药液，包括温水、0.1%高锰酸钾、2%~3%碳酸氢钠和1%温生理盐水。

4.注意事项

选择适宜的胃管，依动物种类的不同而选用相应的口径及长度。目前市场上已有多种动物的特制胃管可供选择。胃管使用前要清洗干净，置于0.1%高锰酸钾溶液中浸泡消毒，使用时在其外壁涂布润滑油。操作时动作要轻柔，注意人畜的安全。有明显呼吸困难的病畜不宜从鼻腔插入，而患咽炎的病畜则禁止经口腔安插胃管。根据多种方法判断胃管是否已正确插入食管，不可单凭其中一种现象进行判断，以免造成误判。在插入胃管时，如果病畜出现剧烈咳嗽、不安、挣扎，则是插入气管，应立即将胃管拉出，待动物安定后再重新投放。若经鼻腔插入胃管，可因管壁干燥、动作粗暴或动物骚动不安，而使鼻部黏膜损伤出血，应视情况采取相应措施。若少量出血，可以不采取措施，不久可停止；出血较多时，应立即拔出胃管，并对病畜止血。将病畜头部适当抬高，进行鼻部、额部冷敷或用大块纱布、药棉塞紧出血一侧鼻腔。洗胃时，每次灌入溶液的体积要和吸出的体积基本相符，开始灌注量不宜过多，以防胃破裂。

（三）灌肠法

灌肠法即直肠用药，多用于患畜肠内补液、肠阻塞以及直肠炎的治疗，也用于动物采食及吞咽困难时直肠内人工营养，对于小动物可用于催吐。有时牛在直肠检查前也须灌肠。根据灌肠目的不同，临床分为浅部灌肠（牛、羊）和深部灌肠（马、骡）。

浅部灌肠是将药液灌入直肠内，常在病畜有采食障碍或咽下困难、食欲废绝时，进行人工营养补充；直肠或结肠炎症时，灌入消炎剂；病畜兴奋不安时，灌入镇静剂；排除直肠内积粪时也可采用。常用的灌肠药液包括1%温生理盐水、葡萄糖溶液、甘油、0.1%高锰酸钾溶液、2%硼酸溶液等。

操作前，应准备好所用的药物及器械，患畜保定好，尾巴向上或向侧吊起。术者立于患畜正后方，手持灌肠器的一端胶管，缓慢送入患畜直肠内部，此时可通过抽压灌肠器活塞将药液灌入直肠内，所灌注药液温度应接近患畜直肠温度，动作要缓慢，以免对肠壁造成大的刺激。如直肠内有宿粪，灌肠前应先把宿粪取出。溶液注入后由于努责，很容易将药液排出，为防止药液的流出，可拍打尾根部、捏住肛门促使其收缩，或塞入肛门塞。

（四）阴道（子宫）投药法

此法多用于母牛、母羊的阴道炎、子宫颈炎、子宫内膜炎等病的对症治疗，促进黏膜的修复，及早恢复生殖功能，是一种较为理想的投药方法。有时根据病情的不同以及炎性分泌物、脓液的多少可先行冲洗，以排出积脓及分泌物，再行投药。常用药液包括温生理盐水、5%~10% 葡萄糖、0.1% 依沙吖啶、0.1% 高锰酸钾以及抗生素和磺胺类制剂。

1. 阴道内的投药

将患牛、羊保定好，通过一端连有漏斗的软胶管，将配好的接近动物体温的消毒液或收敛液冲入阴道内，待药液完全排出后，术者再徒手或戴灭菌手套将消毒药剂涂在阴道内或者是直接放入浸有磺胺乳剂的棉塞。

2. 子宫内的投药

由于母畜的子宫颈口在发情期间开张，此时是进行投药的好时机。如果子宫颈封闭，应该先用雌激素制剂，促使子宫颈口松弛，开张后再进行处理。在子宫投药前，应将动物保定好，把所需药液配制好，并且药液温度以接近动物体温为佳。可使用扩阴器及带回流支管的子宫导管或小动物灌肠器，其末端接以带漏斗的长橡胶管。术者从阴道或者通过直肠用把握子宫颈的方法将导管送入子宫内，将药液倒入漏斗内让其自行缓慢流入子宫。当注入药液不顺利时，切不可施加压力，以免刺激子宫使子宫内炎性渗出物扩散。每次注入药液的数量不可过多，并且要等到液体排出后，才能再次注入。以上较大剂量的药液对子宫冲洗之后，可根据情况，往子宫内注入抗菌防腐药液，或者直接投入抗生素。为了防止注入子宫内的药液外流，所用的溶剂（生理盐水或注射用水）数量以 20~40ml 为宜。给牛、羊子宫内投药的注意事项有：①严格遵守消毒规则，切忌因操作人员操作不当而引起的医源性感染。②在操作过程中动作应轻柔，不可粗暴，以免对患畜阴道、子宫造成损伤。③不要应用强刺激性或腐蚀性的药液冲洗，冲洗完后，应尽量排净子宫内残留的洗涤液。

二、马的投药技术

（一）经口投药法

1. 灌服法

该法是马属动物常用的治疗方法，可将液体状药物、中草药煎剂和用水溶解调成的稀粥样的药物，用灌角或竹筒经患马口腔灌入。患马站立保定，并将马头吊起。方法为：用吊绳系在笼头上或绕经上腭（切齿后方），绳的另一端绕过柱栏的横栏后由助手拉紧。术者站于患马的前方，一手持盛药盆，另一只手用灌角或竹筒盛药液，从患马一侧口角通过其门齿、臼齿间的空隙送入口中并抵到舌根，抬高灌药器将药液灌入，之后取出灌药器，待患马咽下后，再灌下一口，直至灌完所有药液。

2. 口腔投服法

马属动物需要用丸剂、片剂和舔剂进行治疗时，可以采用直接徒手投服（如片剂、丸剂）和借助简单器械送服（如将舔剂放在一光滑木板上，用另一竹片刮到患马口腔内）。投药时，患马一般站立保定，术者用一只手从其一侧口角伸入并打开口腔，另一只手持药片、药丸或用竹片刮取舔剂从患马另一侧口角送入其舌背部，药物即可自行咽下。如遇到患马吞咽药物困难时，可以在投药后灌少量水即可。

（二）胃管投药法

患马于六柱栏内保定。助手保定好其头部并使其头颈不要过度前伸；术者站于稍右前方，用左手握住一侧鼻端并掀起其外鼻翼，右手持涂布好润滑油的胃管，通过左手的指间沿鼻中隔徐徐插入胃管。当胃管前端抵达咽部时，术者会感觉明显阻力，此时可稍停或轻轻抽动胃管以引起马的吞咽动作，并伴随其咽下动作而将胃管插入食管。当确定胃管已插入食管后，再将胃管向前送至颈部下 1/3 处，并在其外端连接漏斗即可投药。待投药过程结束后，要用少量清水冲净胃管内药液，然后徐徐抽出胃管。

（三）灌肠法

灌肠法即直肠用药，临床上常常应用深部灌肠方法来治疗马属动物的便秘，尤其对胃状膨大等大肠便秘，更为常用。

操作时，将动物在柱栏内保定，把尾巴吊起，为使肛门括约肌及直肠松弛，可施行后海穴封闭，即以 10~12cm 长的封闭针头与脊柱平行向后海穴刺入 10cm 左右，注射 1%~2% 普鲁卡因 20~40ml。

1. 装置

塞肠器常用木质塞肠器，长约 15cm，前端直径为 8cm，后端直径为 10cm，中间有直径 2cm 的孔道，塞肠器后端装有两个铁环，塞入直肠后，将两个铁环拴上绳子，系在颈部的套包或夹板上。

2. 灌水

缓缓注入温水或 3% 生理盐水 1 000~3 000ml，灌水量的多少依据便秘的部位而定。灌肠开始时，水顺利进入，当水到达结粪阻塞的部位时，则流速减缓，甚至病畜努责而向外反流，当水通过结粪阻塞部，继续向前流时，水速又加快。如病畜腹围稍增大，并且腹痛加重，呼吸增数，胸前微微出汗，则表示灌水量已经适度，不要再灌。灌水结束后 15~20min 再将塞肠器取出。

3. 注意事项

直肠内有宿粪时，先取出宿粪，再行灌肠；操作轻柔，避免粗暴，以免损伤肠黏膜或造成肠穿孔；灌注量要适当，以防造成肠破裂。

三、猪的投药技术

（一）经口投药法

1. 拌料法

在养猪生产中，经常将药物或添加剂混合到饲料中，以起到促进生长、预防和治疗疾病的功效，此法具有简便易行，适用于群体投服药物等特点，因此成为给猪投药的最常用的方法之一。拌料所用药物应无特殊气味，容易混匀。在混料前，应根据用药剂量、疗程及猪的采食量准确计算出所需药物及饲料的量，然后采用递加稀释法将药物混入饲料中，即先将药物加入少量饲料中混匀，再与 10 倍量饲料混合，依此类推，直至与全部饲料混匀。混好的饲料可供猪自由采食。

2. 饮水法

此方法是将药物溶解于水中，供猪自由饮用。混水给药时要注意：①要了解不同药物在水中的溶解度，只有易溶于水的药物或难溶于水但经过加温或加助溶剂后可溶的药物才可以混水给药。②要注意混水给药的浓度，只有浓度适宜才能保证疗效，浓度过高易引起中毒，浓度过低起不到应有效果。③要了解药物水溶液的稳定性，一些在水中稳定性差的药物，配好后要在规定时间内饮完。

3. 灌服法

体格较小的猪（如哺乳仔猪）灌服少量药液时可用汤匙或注射器（不接针头）。较大的猪若需灌服较大剂量的药液时，可用胃管投入（详见牛的胃管投药法）。灌药时，助手抓住猪的两耳将猪头稍微向上抬起使猪的口角与眼角接近水平位置，同时要用腿夹紧猪的背腰部。术者用左手持木棒塞入猪嘴并将其撬开，右手用汤匙或其他灌药器，从舌侧面靠颊部倒入药液，待其咽下后，再接着灌，直至灌完。如果有的猪口中含药不咽，术者可摇动木棒，以刺激其吞咽。灌药时的注意事项参见牛、羊灌药时的注意事项。

4. 投服法

要用木棒撬开猪口腔；在手投药完毕安全撤出后，方可拉出木棍，以免咬伤手指。

（二）胃管投药法

可选择猪专用的胃管，经口腔插入。首先要将猪站立或侧卧保定，用开口器将口打开，或用特制的中央钻一圆孔的木棒塞入其口中将嘴撑开，然后将胃管沿圆孔向咽部插入。其后操作同牛胃管投药。另外，若给猪投胃管是用于导出胃内容物（如治疗急性胃扩张）或洗胃时，一定要判定胃管已确定从食管进入胃内后，才可以继续操作。

（三）灌肠法

灌肠法常用于猪的大便秘结、排便困难的治疗。临床上采用将温水或温肥皂水或药液灌入直肠内的方法，来软化粪便促进排粪。操作时猪采用站立或侧卧保定，并将猪尾拉向一侧。术者一只手提举盛有药液的灌肠器或吊桶，另一只手将连接于灌肠器或吊桶上的胶管在涂布润滑油后缓慢插入直肠内，然后抽压灌肠器或举高吊桶，使药液自行流入直肠内。可根据猪个体的大小确定灌肠所用药液的量，一般每次 200~500ml。另外，直肠灌注法也用于盲肠炎的治疗。

四、家禽的投药技术

由于家禽的饲养规模、饲养方式和生理结构与家畜存在较大差异，所以家禽的投药方式有其特殊性，在生产实践中最常用的是群体投药法和个体投药法。

（一）群体投药法

群体投药法是用药物对家禽的一个群体的疾病进行预防和治疗的过程，该法简便易行，投药速度快，省时省力，是养禽业中最常用的一种用药方法。以下就以鸡为例进行阐述，其他禽类与此类似。

1. 饮水给药

将药物溶解于水中，让鸡自由饮用。该方法应了解以下 3 个方面的内容：第一，要了解药物的溶解度。易溶于水的药物，其水溶液能够迅速达到规定的浓度，可放心使用；微溶于水的部分药物如果添加助溶剂后，其溶解度大增，也可混水；而难溶于水的药物，不可以混水给药。如果错误地将制霉菌素等难溶于水或极难溶于水的药物饮水给药，就会使药物沉积于饮水器的底部而达不到预期的目的。第二，要了解不同药物水溶液的稳定性，只有那些稳定性好的药物才可以让鸡自由饮水；对于部分稳定性差的药物，一定要在药物有效期内让鸡将药水饮完。具体操作方法是：①在保证药物有效浓度的前提下，尽可能地少配药液。②在给鸡饮用药水前，切断水源以使其产生渴感，这样在投给药水时鸡群能很快地将药水饮完。③要了解鸡群在不同日龄不同季节不同温度时的饮水量，这样在混水给药时才比较准确，若配制过多，会造成不必要的浪费，配制过少，又容易使鸡群用药不均。

2. 拌料给药

将药物均匀地拌入饲料中，供鸡自由采食的方法。由于鸡的舌黏膜的味觉乳头不发达，所以一些有特殊气味的药物也可以混入饲料中给药，这样可以增加应用范围，减少局限性。该方法简便易行，省时省力，尤其适于群体的长期给药，因此也是鸡群投药最常用的方法之一。

鸡群混料给药应该注意以下事项：第一，药物必须均匀地混于饲料中，常用递加稀释法，即先将药物加入少量饲料中混匀，再与较多量饲料混合，以此类推，直至与全部饲料混匀；第二，要明确所用药物与饲料中所用添加剂之间的相互关系，以免降低药效或产生毒副作用；第三，要明确混料与混水的区别，一般药物混料浓度为混水浓度的 2 倍。

3. 喷雾给药

在鸡的日常管理中，常用的喷雾给药方式有气雾免疫和喷雾消毒两种。前者多用于那些与呼吸道有亲嗜性的疫苗的免疫，如新城疫弱毒活疫苗、传染性支气管炎弱毒疫苗等；后者用于鸡舍日常的带鸡消毒。带鸡消毒应该选择毒性较低、刺激性小、无腐蚀性、低残毒的消毒剂；将消毒液配好后放入喷雾器中，关闭鸡舍的门、窗、换气孔及排风扇等。消毒人员一只手轻压喷雾器，另一只手持喷雾器喷头并使其向上，距离鸡背 30~50cm，沿鸡舍纵轴缓慢移动，要确保不留死角，直至消毒完整个鸡舍。关闭舍门，待 10~20min 再打开门、窗、换气孔、排风扇等。带鸡消毒可以杀灭空气、地面和鸡体表的病原体，是一种较科学的消毒方式，也是养鸡场最常使用的消毒方法之一。

（二）个体投药法

在养鸡生产中，对数量较少或个别的发病鸡，可采用经口给药的方法进行治疗。投药时，将鸡保定好，投药者一只手打开鸡口腔，另一只手将药液或药片直接滴（放）入即可。此方法操作简便，剂量准确，但是投药速度太慢，费时费工。

第二节　注射技术

注射法是防治畜禽疾病时常用的给药方法。利用注射法可将药物直接注入动物体内，从而避免胃内容物的影响，迅速发挥药效。与其他投药方法相比，具有操作简便、用药准确、疗效迅速、节省药物等特点，因而在兽医临床上得到广泛的应用。临床上最常用的注射方法是皮下注射、肌内注射及静脉注射，一些特殊情况下还可以采用皮内、胸腔、腹腔、气管、瓣胃、乳房、眼球结膜等部位注射。选择用什么方法进行注射，主要根据药物的性质、数量以及病畜的具体情况而定。

注射时需要注射器和注射针头。兽用注射器有玻璃制和金属制，针头则根据其内径大小及长短又分不同型号。通常按动物种类、不同注射方法和药量来选择适宜的注射器和针头。使用前，应严格检查注射器是否破损，针管与针芯是否合适，金属注射器的橡皮垫是否好用、松紧度的调节是否适宜，针头是否锐利、通畅，针头与针管的结合是否严密。所有注射用具使用前必须清洗干净并进行消毒。

抽取药液前应先检查药品的质量，检查注射液有无混浊、沉淀、变质、过期；同时注入两种以上药液时应注意配伍禁忌。抽完药液后，要排尽注射器内的空气。

注射部位应先进行剪毛、消毒（通常使用 5% 碘酊或 75% 酒精），注射后也要对局部进行同样的消毒处理，并严格使用无菌操作技术。

一、皮内注射法

皮内注射法是将药液注射于皮肤的表皮与真皮之间。与其他注射方法相比，其药量注入少，一般仅在皮内注射药液或菌（疫）苗 0.1~0.5ml，因此一般不用作治疗，主要适用于预防接种、药物过敏试验及某些变态反应的诊断（如牛结核、副结核、马鼻疽）等。

（一）部位

通常猪在耳根部，马在颈侧中部，牛在颈侧中部或尾根部，鸡在肉髯部位的皮肤。

（二）方法

按常规局部剪毛、消毒，排尽注射器内空气，以左手拇指、食指将皮肤捏成皱褶，右手持注射器，针头斜面向上，针头与皮肤呈5°刺入皮内，缓缓地注入药液。药液注入皮内的标志是：在推进药液时，感觉到阻力很大且注入药液后局部呈现一个丘疹状隆起，如误入皮下则无此现象。注射完毕，拔出针头，术部轻轻消毒，但应避免压挤。

（三）注意事项

注射部位要认真判断，准确无误，进针不可过深，以免刺入皮下，影响诊断与预防接种的效果。拔出针头后注射部位不可用棉球按压揉擦。

二、皮下注射法

皮下注射法系将药物注射于皮下结缔组织内，经毛细血管、淋巴管的吸收而进入血液循环的一种注射方法。皮下注射法适合于各种刺激性较小的注射药液及菌（疫）苗、血清等的注射。

（一）部位

选择皮肤较薄而皮下疏松的部位，猪通常在耳根或股内侧，牛在颈侧或肩角后方的胸侧，马、骡在颈侧，羊、犬、猫在颈侧、背侧或股内侧，禽类在翼下。

（二）方法

动物保定好，局部剪毛、消毒后，术者用左手的拇指与中指捏起皮肤，食指压皱褶的顶点，使其呈陷窝。右手持连接针头的注射器，迅速刺入陷窝处皮下。此时，感觉针头无抵抗，可自由摆动。左手按住针头结合部，右手抽动注射器活塞未见回血时，可推动活塞注入药液。如果需要注入的药量较多时，要分点注射，不能在一个注射点注入过多的药液。注射完毕，以酒精棉压迫针孔，拔出注射针头，最后用 5% 的碘酊消毒。

（三）特点

皮下注射的药液，可由皮下结缔组织分布广泛的毛细血管吸收而进入血液。药物的吸收比经口给药和直肠给药快，药效确实。与血管内注射比较，没有危险性，操作容易，大量药液也可注射，而且药效作用持续时间较长。皮下注射时，根据药物的种类，有时可引起注射局部的肿胀和疼痛，皮下若有脂肪层，则吸收较慢，一般经 5~10min 呈现药效。

（四）注意事项

刺激性强的药品不能做皮下注射，特别是对局部刺激较强的钙制剂、砷制剂、水合氯醛及高渗溶液等，易诱发炎症，甚至导致组织坏死。大量注射补液时，需将药液加温后分点注射。注射后应轻轻按摩或进行温敷，以促进吸收。长期注射者应经常更换注射部位，建立轮流交替注射计划，达到在有限的注射部位吸收最大药量的效果。

三、肌内注射法

凡肌肉丰满的部位，均可进行肌内注射。由于肌肉内血管丰富，注入药液吸收迅速，所以大多数注射用针剂，一些刺激性较强、较难吸收的药剂（如乳剂、油剂等）和许多疫苗，均可进行肌内注射。

（一）部位

选择动物肌肉发达、厚实，并且可以避开大血管及神经干的部位。大动物及羊多在颈侧、臀部，犬在臀部、背部肌肉，猫常在腰肌、股四头肌以及臀部肌群注射，其中以股四头肌最常用；禽类在胸肌或大腿部肌内注射。

（二）方法

注射部位剪毛消毒后，对大家畜，先以右手拇指与食指捏住针头基部，中指标定刺入深度，用腕力将针头垂直皮肤迅速刺入肌内 2~3cm。左手固定针头，右手持注射器与针头连接并回抽活塞，以检查有无回血。如果判定刺入正确，随即推动活塞，注入药液。而对中小动物，则不必先刺针头，可直接手持连接有针头的注射器进行注射。注射完毕，迅速拔出针头，用5%碘酊消毒。

（三）特点

肌内注射由于吸收缓慢，能长时间保持药效、维持血药浓度。肌肉比皮肤感觉迟钝，因此注射具有刺激性的药物，不会引起剧烈疼痛。由于动物的躁动或操作人员操作不熟练，注射针头或注射器（玻璃或塑料注射器）的接合头易折断。

（四）注意事项

针体刺入深度，一般只刺入2/3，切勿把针头全部刺入，以防针头从根部衔接处折断。强刺激性药物如水合氯醛、钙制剂、浓盐水等，不能肌内注射。注射针头如接触神经时，则动物感觉疼痛不安，此时应变换针头方向，再注射药液。

万一针体折断，保持局部和肢体不动，迅速用止血钳夹住断端拔出。如不能拔出时，先将病畜保定好，防止躁动，局部麻醉后迅速切开注射部位，用小镊子、持针钳或止血钳拔出折断的针体。

长期进行肌内注射的动物，注射部位应交替更换，以减少硬结的发生。两种以上药液同时注射时，要注意药物的配伍禁忌，必要时在不同部位注射。根据药液的量、黏稠度和刺激性的强弱，选择适当的注射器和针头。避免在瘢痕、硬结、发炎、皮肤病及有针眼的部位注射。瘀血及血肿部位不宜进行注射。

四、静脉注射法

静脉注射法系将药液直接注入静脉内，药液随着血液很快分布到全身，不会受消化道及其他脏器的影响而发生变化或失去作用，药效迅速，作用强，注射部位疼痛反应较轻，但其代谢也快。该法适用于大量的补液、输血和对局部刺激性大的药液（如水合氯醛、氯化钙）以及急需奏效的药物（如急救强心药等）。

（一）猪的静脉注射

猪常采用耳静脉或前腔静脉进行注射。

1. 耳静脉注射法

（1）部位。猪耳背侧静脉。

（2）方法。将猪站立或侧卧保定，耳静脉局部消炎。助手用手指按压耳根部静脉管处或用胶带在耳根部扎紧，使静脉血回流受阻，静脉管充盈、怒张。术者用左手把持猪耳，将其托平并使注射部位稍有隆起，右手持连接针头的注射器，沿静脉管方向使针头与皮肤呈30°~45°，刺入皮肤和血管内，轻轻回抽活塞如可见回血即为已刺入血管，然后将针管放平并沿血管稍向前刺入。此时，可以撤去压迫脉管的手指或解除结扎的胶带。术者用左手拇指压住注射针头，右手徐徐推进药液，直至药液注完。如果大量输液时，可用输液器、输液瓶替代注射器，操作方法相同。注药完毕，左手拿酒精棉紧压针孔，迅速拔出针头。为了防止血肿，继续紧压局部片刻，最后用5%的碘酊消毒。

2. 前腔静脉注射法

（1）部位。前腔静脉为左、右两侧的颈静脉与腋静脉至第一对肋骨间的胸腔入口处于气管腹侧面汇合而成。注射部位在第一肋骨与胸骨柄结合处的正前方，由于左侧靠近膈神经，易损伤，故多于右侧进行注射。针头刺入方向呈近似垂直并稍向中央及胸腔方向，刺入深度依据猪体大小而定，一般为2~6cm。用于大量输液或采血。

（2）方法。将对猪采取站立保定或侧卧保定。站立保定时，在右侧耳根至胸骨柄的连线上，距胸骨端1~3cm处刺入针头，进针时稍微斜向中央并刺向第一肋骨间胸腔入口处，边刺边回抽活塞观察是否有回血，如果见到有回血，表明针头已刺入前腔静脉，可注入药液。猪取仰卧保定时，固定好其前肢及头部；局部消毒后，术者持连有针头的注射器，由右侧沿第一肋骨与胸骨结合部前侧方的凹陷处刺入，并且稍微斜刺向中央及胸腔方向，一边刺入一边回抽，当见到回血后即表明针头已刺入，即可徐徐注入药液。注射完毕后拔出针头，局部消毒。

（二）牛、羊的静脉注射

1. 部位

牛多在颈静脉注射，偶尔也可利用耳静脉注射。

2. 方法

（1）颈静脉注射。保定动物，使其头部稍向前伸，术部进行剪毛、消毒。术者用左手压迫颈静脉的近心端（靠近胸腔入门处），或者用绳索勒紧颈下部，使静脉回流受阻而怒张。确定好注射部位后，右手持针头用力迅速地垂直刺入皮肤（因牛的皮肤很厚，不易穿透，最好借助腕力刺入方可成功）及血管，若见到有血液流出，表明已将针头刺入颈静脉中，再沿颈静脉走向稍微向前送入，固定好针头后，连接注射器或输液瓶的胶管，即可注入药液。

（2）尾静脉注射。可在近尾根的腹中线处进针，准确部位应根据动物大小不同而变化，一般距肛门 10~20cm。注射时，术者必须举起牛尾巴，使其与背中线垂直，另一只手持注射器在尾腹侧中线，垂直于尾纵轴进针至针头稍微触及尾骨。然后试着抽吸，若有回血，即可注射药液或采血。如果无回血，可将针稍微退出 1~5mm，并再次用上述方法鉴别是否刺入。奶牛的尾静脉穿刺适用于小剂量的给药和采血，可代替颈静脉穿刺法，而且尾部抽血可减轻患牛的紧张程度，避免牛吼叫和过度保定，操作简便快捷。

羊的静脉注射法多用颈静脉注射，其操作方法参照马的静脉注射。

（三）马的静脉注射法

1. 部位

常在马的颈静脉上 1/3 与中 1/3 的交界处，特殊情况可在胸外静脉进行。

2. 方法

将马在柱栏内站立保定，可将其头部拉紧前冲并稍偏向对侧，术部剪毛、消毒。术者用左手栂指在颈静脉的近心端（靠近胸腔气口处）压迫静脉管，使其充盈、怒张。右手持注射针头，使其与皮肤呈 45°，迅速刺入皮肤及血管内，若见回血，表明针头已准确刺入脉管；如果未见回血，可稍微前后移动针头，使其进入血管。针头刺入血管后，将针头后端靠近皮肤，并近似平行地将针头在血管内前送 1~2cm。然后，术者的左手可松开颈静脉，将注射器或输液管与针头相连接，并用夹子将其固定于皮肤上，徐徐进行注射。注射完毕后，以酒精棉球压迫注射局部并拔出针头，再用 5% 的碘酊局部消毒。

（四）犬的静脉注射法

1. 部位

犬多在后肢外侧面小隐静脉或前臂皮下静脉（又称桡静脉）进行注射，特殊情况下（犬的血液循环障碍，较小的静脉不易找到），也可在颈静脉注射。

2. 方法

采用后肢外侧面小隐静脉注射时，助手将犬侧卧保定，固定好头部。在后肢胫部下 1/3 的外侧浅表皮下找到该静脉，局部剪毛、消毒。用胶管结扎后肢股部或由助手用手紧握，此时静脉血回流受阻而使静脉管充盈、怒张，术者左手捏在要注射部位的上方，右手持 5 号半注射针头沿静脉走向刺入皮下及血管，若有回血，证明已刺入静脉，此时可将针头顺血管腔再刺入少许，解开结扎带或助手松开手，术者用左手固定针头，右手徐徐将药液注入。

采用前臂皮下静脉注射时，对犬的保定及注射方法与后肢外侧面小隐静脉相同，而且位于前肢内侧面皮下的静脉比后肢外侧面小隐静脉更粗更易固定，因此在犬的一般注射或取血时，更常采用该静脉。

（五）猫的静脉注射法

1. 部位

常选择前肢腕关节下掌中部内侧的头静脉或后肢股内侧皮下的隐静脉。

2. 方法

采用前肢内侧面头静脉注射时，将猫侧卧或伏卧保定，固定好头部，局部剪毛、消毒。助手用橡胶带扎紧或用手握紧前肢上部，使头静脉充盈、怒张；术者用右手持注射针头顺静脉刺入皮下，再与血管平行刺入静脉，此时针头若有回血，助手松开手或解开橡胶带。术者将针头沿血管腔稍微前送，固定好针头，进行注射。猫的后肢股内侧皮下隐静脉注射方法与犬相同。

（六）静脉注射的注意事项

要严格遵守无菌操作规程，对所有注射用具、注射部位都要严格消毒。动物确实保定，看准静脉并明确注射部位后再扎入针头，避免多次扎针而引起血肿。注入药液前应该排净注射器或输液器管中的气泡，严防将气泡注入静脉。对所要注射的药品质量（如有无杂质、沉淀等）应严格检查，不同药液混合使用时要注意配伍禁忌。对组织刺激性强的药液要严防漏出血管外，油类制剂禁止进行静脉注射。

给动物补液时，速度不宜过快，大家畜以 30~60ml/min 为宜，犬、猫等小动物以 25~40 滴 /min 为宜。药液在注入前应加温使其接近动物体温。

静脉注射过程中，要随时注意观察动物的表现，如动物有不安、出汗、呼吸困难、肌肉战栗等症状时，应该立即停止注射，待查明原因后再行处置。要随时观察药液的注入情况，一旦出现液体输入突然过慢或停止，或者注射局部明显肿胀以及针头滑出血管时，应该立即检查，进行调整，直至恢复正常。

（七）药液外漏的处理

静脉内注射时，常由于未刺入血管或刺入后因病畜躁动而针头移位脱出血管外，致使药液漏于皮下。故当发现药液外漏时，应立即停止注射，根据不同的药液采取下列措施处理。

立即用注射器抽出外漏的药液。如系等渗溶液（如生理盐水或等渗葡萄糖），一般很快自然吸收；如系高渗盐溶液，则应向肿胀局部及其周围注入适量的灭菌注射用水，以稀释高渗盐溶液。

如系刺激性强或有腐蚀性的药液，则应向其周围组织内注入生理盐水；如系氯化钙液，可注入 10% 硫酸钠或 10% 硫代硫酸钠 10~20ml，使氯化钙变为无刺激性的硫酸钙和氯化钠。局部可用 5%~10% 硫酸镁进行温敷，以缓解疼痛。如系大量药液外漏，应做早期切开，并用高渗硫酸镁溶液引流。

五、胸、腹腔注射法

（一）胸腔注射法

注入胸腔的药液吸收快，在家畜发生胸膜炎症时，可将某些药物直接注射到其胸腔内进行局部治疗；或者在进行家畜胸腔积液的实验室检查时，对胸腔进行穿刺，也可进行疫苗接种（如猪喘气病疫苗）。

1.部位

猪在左侧第 6 肋间，右侧第 5 肋间；牛、羊在左侧第 6 或第 7 肋间，右侧第 5 或第 6 肋间；马、骡在左侧第 7 或第 8 肋间，右侧第 5 或第 6 肋间；犬在左侧第 7 肋间，右侧第 6 肋间。一律选择于胸外静脉上方 2cm 处。

2.方法

将动物站立保定，术部剪毛、消毒。术者左手将术部皮肤稍向前方拉动 1~2cm，以便使刺入胸膜腔的针孔与皮肤上针孔错开，右手持连接针头的注射器，在靠近肋骨前缘处垂直皮肤刺入。针头通过肋间肌时有一定阻力，进入胸膜腔时阻力消失，有空虚感。注入药液（或吸取胸腔积液）后，拔出针头，使局部皮肤复位，术部消毒。

3.注意事项

刺针时，针头应该靠近肋骨前缘刺入，以免刺伤肋间血管或神经。刺入胸腔后，应该立即闭合好针头胶管，以防止空气窜入胸腔而形成气胸。必须在确定针头刺入胸腔内后，才可以注入药液。胸腔内注射或穿刺时避免伤及心脏和肺脏。

（二）腹腔注射法

腹腔注射法是将药液注入腹膜腔内，由于腹腔具有强大的吸收功能，药物吸收快，注射方便，适用于腹腔内疾病的治疗和通过腹腔补液（尤其在动物脱水或血液循环障碍，采用静脉注射较困难时更为实用）。本法多用于中小动物，如猪、犬、猫等，大家畜有时亦可采用。

1. 猪的腹腔注射法

（1）部位。在耻骨前缘前方 3~5cm 处的腹中线旁。

（2）方法。体重较轻的猪可提举两后腿倒立保定，体重较大的猪需采用横卧保定。注射局部剪毛、消毒。术者左手把握猪的腹侧壁，右手持连接针头的注射器或输液管垂直刺入 2~3cm，使针头穿透腹壁，刺入腹腔内。然后左手固定针头，右手推动注射器注入药液或输液。注射完毕，拔出针头，术部消毒处理。

2. 犬的腹腔注射法

（1）部位。在胳和骨盆前缘连线的中间点、腹中线旁。

（2）方法。注射前，先使犬前躯侧卧，后躯仰卧，将两前肢系在一起，两后肢分别向后外力转位，充分暴露注射部位。要保定好犬的头部，术部剪毛、消毒。注射时，右手持注射针头垂直刺入皮肤、腹肌及腹膜，当针头刺破腹膜进入腹腔时，立刻感觉没有了阻力，有落空感。若针头内无气泡及血液流出，也无脏器内容物溢出，并且注入灭菌生理盐水无阻力时，说明刺入正确，此时可连接注射器，进行注射。

3. 猫的腹腔注射法

（1）部位。耻骨前缘 2~4cm 腹中线侧旁。

（2）方法。将猫取前躯侧卧、后躯仰卧姿势保定，捆绑两前肢，保定好头部，术部剪毛消毒，术者手持连接针头的注射器垂直刺向注射部位，进针深度约 2cm，然后回抽针芯，若无血液或脏器内容物时即可注射，注完后，术部消毒处理。

4. 注意事项

所注药液预温到与动物体温相近。所注药液应为等渗溶液，最好选用生理盐水或林格液。有刺激性的药物不宜做腹腔注射。注射或穿刺时避免损伤腹腔内的脏器和肠管。小动物腹腔内注射宜在空腹时进行，防止腹压过大而误伤其他器官。

六、气管注射法

气管注射法系将药液直接注射到气管内，用于治疗病畜气管与肺部疾病，以及驱虫的一种方法，临床上主要用于猪和羊。

（一）部位

颈部上段腹侧面的正中，可明显触到气管，在两气管环之间进针。

（二）方法

患猪或羊采取仰卧保定，使其前躯稍高于后躯。术部剪毛、消毒。术者左手触摸气管并找准两气管环的间隙，右手持连有针头的注射器，垂立刺入气管内，而后缓慢注入药液。若操作中动物咳嗽，则要停止注射，直至其平静下来再继续注入。注射完拔出针头，术部消毒即可。

（三）注意事项

药液注射前，应将其加温至接近动物体温以减轻刺激反应。注射速度不宜过快，可一滴一滴注入，以免刺激气管黏膜，咳出药液。

注射药液量不宜过大，避免量大引发气管阻塞而发生呼吸困难；猪、羊、犬一般 3~5ml，牛、马 20~30ml。如果动物咳嗽剧烈或防止注射诱发动物咳嗽，可先注入 2% 普鲁卡因液 2~5ml，降低气管的敏感反应，然后再注入所需药液。

七、乳房注入法

乳房注入法系将药液通过导乳管注入乳池内的一种注射方法，主要用于奶牛、奶山羊乳腺炎的治疗，或通过导乳管送入空气，治疗奶牛生产瘫痪。

（一）方法

将动物站立保定，助手先挤干净乳房内乳汁，并用清水或浓度为 25~75ng/L 的碘液清洗乳房外部，拭干后再用 70% 的酒精消毒乳头。术者蹲于动物腹侧，左手握紧乳头并轻轻下拉，右手持乳导管自乳头口徐徐导入，当乳导管导入一定长度时，术者的左手把握乳导管和乳头，右手持注射器，使之与乳导管连接，徐徐将药液注入。注射完毕，将乳导管拔出，同时术者一只手捏紧乳头管口，以防止刚注入的药液流出，用另一只手对乳房进行轻柔地按摩，使药液较快地散开。

如治疗产后瘫痪需要送风时，可使用乳房送风器。送风之前，在金属滤过筒内，放置灭菌纱布，滤过空气，防止感染。先将乳房送风器与导乳管连接。4个乳头分别充满空气，充气量以乳房的皮肤紧张、乳腺基部的边缘清楚变厚、轻敲乳房发出鼓音为标准。充气后，可用手指轻轻捻转乳头肌，并结系一条纱布，防止空气逸出，经 1 h 后解除。如为了洗涤乳房注入药液时，将洗涤药剂注入后，随后即可挤出，反复数次，直至挤出液体透明为止，最后注入抗生素溶液。

（二）注意事项

选用特制的乳导管进行乳房内药物注射。操作过程中要严格消毒，特别使用注射器送风时更应注意，包括术者的手、动物乳房外部、乳头及乳导管等，以免引起新的感染。乳导管导入及药液注入时，动作要轻柔，速度要缓慢，以免损伤乳房。注药前应挤净奶汁，注药后要充分按摩乳房。注药期间不要挤奶。

八、心脏内注射

心脏内注射是将药液直接注射到心脏的注射方法。当病畜心脏功能急剧衰竭，静脉注射急救无效或心搏骤停时，可将强心剂如肾上腺素直接注入心脏内，恢复心功能，抢救病畜。此外，还应用于家兔、豚鼠、禽类等实验动物的心脏直接采血。

（一）部位

牛在左侧肩关节水平线下方，第 4 至第 5 肋间；马在左侧肩关节水平线的稍下方，第 5 至第 6 肋间；猪在左侧肩端水平线下第 4 肋间；犬、猫在左侧胸廓下 1/3 处，第 5 至第 6 肋间；禽类在胸骨嵴前端至背部下凹连接线的 1/2 处。

（二）方法

以左手稍移动注射部位的皮肤然后压住，右手持连接针头的注射器，垂直刺入心外膜，再进针 3~4mm 可达心肌。当针头刺入心肌时有心搏动感，注射器摆动，继续刺针可达左心室内，此时感到阻力消失。拉引针筒活塞时有暗赤色血液回流，然后徐徐注入药液，药液很快进入冠状动脉，迅速作用于心肌，恢复心脏机能。注射完毕，拔出针头，涂碘酊，或用碘仿火棉胶封闭针孔。

（三）注意事项

动物确实保定，操作要认真，刺入部位要准确，以防心肌损伤过大。为了确实注入药液，可配合人工呼吸，防止由于缺氧引起呼吸困难而带来危险。心脏内注射时，由于刺入的部位不同，可引起各种危险，应严格掌握操作规程，以防意外。有条件的可在B超监视下进行。当刺入心房壁时，因心房壁薄，伴随搏动而有出血的危险。此乃注射部位不当，应改换位置，重新刺入。在心搏动中如将药液注入心内膜时，有引起心脏停搏的危险。这主要是注射前判定不准确，并未回血所造成。当针刺入心肌，注入药液时，也易发生各种危险。此乃深度不够所致，应继续刺入至心室内，经回血后再注入。

心室内注射，效果确实，但注入过急，可引起心肌的持续性收缩，易诱发急性心搏动停止。因此，必须缓慢注入药液。心脏内注射不得反复应用，这种刺激可引起传导系统发生障碍。所用注射针头，宜尽量选用小号针头，以免过度损伤心肌。

九、关节内注射

关节内注射是将药液直接注入关节腔的方法。主要用于关节腔炎症、关节腔积液等疾病的治疗。

（一）部位

一般临床治疗的关节主要有膝关节、跗关节、肩关节、枕寰关节和腰荐结合部等。虽然各关节形态不一，但各关节都具有基本的解剖结构，即关节面、关节软骨、关节囊；关节腔内有关节液，并附有血管、神经，大多数关节还附有韧带。

（二）方法

局部常规消毒，将动物保定确实后，左手拇指与食指固定注射局部，右手持针头呈 45°~90° 依次刺透皮肤和关节囊，到达关节腔后，轻轻抽动注射器内芯，若在关节腔内，即可见少量黏稠和有光滑感的液体，一般先抽部分关节液（视关节液多少而定），然后再注射药液，注射完毕，快速拔出针头，术部消毒。

（三）注意事项

穿刺器械及手术操作均须严格消毒，以防无菌的关节腔继发感染。注射前，必须了解所要注射关节的形态、构造，以免损伤其他组织（血管、神经或韧带）。注射药液不宜过多，一般在 5~10ml。动作要轻柔，避免损伤关节软骨。关节内注射不宜频繁重复进行，必要时，间隔 1~2d 为宜，最多连续注射 1 周左右。

十、瓣胃注入法

瓣胃注入法系将药液直接注入牛的瓣胃内，以使其内容物软化的一种注射方法，主要用于牛的瓣胃阻塞的治疗。

（一）部位

牛的瓣胃位于右侧第 7 至第 10 肋间，注射部位在右侧第 9 肋间、肩关节水平线上下 2cm 范围内，略向前下方刺入。

（二）方法

将动物在六栏柱内站立保定，注射局部剪毛、消毒。术者立于动物右侧，手持 16 号至 18 号针头，垂直刺入皮肤后，调整针头使其朝向对侧肘突方向刺入 8~10cm，此时必须判断针头是否刺入瓣胃。方法是：针头连接上注射器并回抽，如果见有血液或胆汁，提示针头刺入肝脏或胆囊，可能是针头刺入点过高或其朝向上方所致，应将针头拔出，调整好朝偏下方刺入，先用注射器注入 20~50ml 生理盐水后再回抽，如果见混有草屑的胃内存物，即为刺入正确。连接注射器注入所需药物，注射完毕后迅速拔出针头，进行局部消毒。

（三）注意事项

动物要正确保定，对躁动不安的患畜可先肌内注射镇静剂后再进行瓣胃注射。在注入药物前，一定要确保针头准确刺入瓣胃。

第三节 穿刺技术

穿刺术是兽医临床上较常用的一种诊疗技术，对辅助诊断或局部治疗具有重要意义，是临床兽医应该熟练掌握的一项基本技术。通过穿刺可以获取病畜体内特定的病理材料，以供实验室检查，为疾病的确诊提供有力证据。对某些因急性肠、胃鼓气而致的危急病例，可以通过穿刺放气，迅速缓解症状，在治疗上更具有重要的意义。但是，由于穿刺法技术性强，应用范围上有严格的局限性，且损伤组织，可能引起局部感染，故应避免轻率滥用，所以要求在进行穿刺之前，应该对疾病进行仔细诊断，充分论证，只有适应证才可以采用。根据不同的穿刺目的，选用适宜的穿刺器具（如套管针），必要时可用注射针头代替。所有穿刺用具均应严格消毒、干燥备用。在操作中，务必严格遵守无菌操作和安全措施。

一、瘤胃穿刺法

牛、羊急性瘤胃鼓胀时，穿刺放气紧急救治和向瘤胃内注入防腐制酵药液制止瘤胃内继续发酵产气。

（一）部位

在左肷部，由髋结节向最后肋骨引一水平线的中点，距腰椎横突10~12cm 处，也可以选择肷部隆起最明显处穿刺。

（二）方法

将动物站立保定，术部剪毛、消毒后，术者左手将术部皮肤稍向前移，右手将瘤胃穿刺套管针针尖对准穿刺点，向右侧肘头方向迅速刺入，即可入瘤胃内，继续刺入可深达 10~12cm，然后固定套管，拔出针芯，用手指间歇堵住管口，缓慢放气。如果套管阻塞，可插入针芯，疏通堵塞物，切忌拔出套管。气体排出后，为防止鼓气复发，可经套管向瘤胃内注入防腐制酵药液。拔出套管针之前，应插入针芯，并用力压住套管周围皮肤，拔出套管针，以免套管内污物脱落。

（三）注意事项

放气时应注意病畜的表现，放气速度不宜过快，以防止发生急性脑贫血；整个过程中要严格消毒，防止发生针孔局部感染和继发腹膜炎；用套管注入药液时，注药前一定要确切地判定套管是否在瘤胃内。

二、马、骡盲肠穿刺术

马、骡急性盲肠鼓气，放气急救，向肠腔内注入防腐制酵药液，用于治疗马、骡肠鼓胀。

（一）部位

盲肠穿刺点在右䏝窝的中心处，即距腰椎横突 7~9cm 处，或选在右䏝窝最明显的鼓胀处。若左侧大结肠鼓气，结肠穿刺点在左侧腹壁鼓胀最明显处。

（二）方法

将马、骡站立保定，穿刺部位剪毛、消毒。盲肠穿刺时，可将皮肤纵向切开 0.5~1.0cm 的小口（用封闭针头时，则不用切口），右手持肠管穿刺套管针（或封闭针头），由后上方向前下方，对准对侧肘头迅速穿透腹壁刺入盲肠内，深 6~10cm。然后左手固定套管，拔出针芯，气体即可自行排出。在排气之后，为了制止肠内继续发酵产气可经套管向肠腔内注入防腐制酵剂。拔出套管前，应将针芯插入套管内，同时用左手紧压术部皮肤，使腹膜紧贴肠壁，然后将套管针拔出。术部涂以碘酊，并用火棉胶绷带覆盖（术部切口时）。

有些时候，当马、骡左侧大结肠鼓气极其明显时，也可进行结肠穿刺排气。结肠穿刺时，可用封闭针头或 16 号长针头，垂直于腹部鼓气最明显处刺气，深达 3~5cm 即可。

（三）注意事项

注意事项同瘤胃穿刺术。

三、胸腔穿刺法

临床用于胸膜疾病的诊断，并辅助胸膜疾病的治疗，如采取胸腔内液体做实验室检验，冲洗胸腔并向胸腔内注入药液，排除胸腔内的积液、积气、积血，以减轻对胸腔器官的压力。

（一）部位

牛、羊、马、猪左侧第7肋间，右侧第7肋间（猪、犬第7肋间）。为了避免损伤肋间血管或神经，穿刺时均在肋骨前缘、胸外静脉上方2cm处或肩关节水平线下方2~3cm处进针。

（二）方法

将大家畜（马、牛）站立保定，小家畜（犬、羊等）一般采取横卧保定。术部剪毛、消毒后，术者左手将术部皮肤稍向前方移动，右手持穿刺针，在紧靠肋骨前缘处与皮肤垂直刺入。穿刺肋间肌时手感有一定阻力，当阻力消失，有空虚感时，则表明已刺入胸腔内，刺入深度为3~4cm。然后拔出针芯，如果有大量积液时，液体可自行流出，针孔如被堵塞，可用针芯疏通或用注射器抽吸。穿刺针可连接注射器，抽吸胸腔内积液或冲洗胸腔、向胸腔内注入所需药液。拔出针头，术部涂以碘酊。

（三）注意事项

准确控制穿刺深度，以免损伤肺组织。胸腔积液在排放时，不可过快，量不宜过多，应间歇放液，以免胸腔内压力突然降低，血液大量进入胸腔器官，使脑组织出现一时性贫血，或引起胸腔内毛细血管破裂而造成内出血。胸膜积液少时，为防止空气进入胸腔形成气胸，针头后连接胶管并夹上止血钳，抽吸胸腔积液时松开止血钳，不抽时再夹住胶管。

四、腹腔穿刺术

腹腔穿刺术是采取腹腔内液体供实验室检验，以辅助诊断肠变位、胃肠破裂、膀胱破裂、肝脾破裂以及腹腔积水、腹膜炎等疾病；排出腹腔内积液或向腹腔注射药液用以治疗疾病。

（一）部位

牛、羊穿刺部位在脐与膝关节连线的中点，马、骡的穿刺部位在剑状软骨后方15cm、腹白线左侧2~3cm处。猪、犬、猫穿刺部位均在脐与耻骨前缘连线的中间腹白线上或腹白线的侧旁1~2cm处。

（二）方法

将大动物站立保定，手持套管针使其垂直刺入腹壁，中小动物可横卧保定，穿刺部位剪毛、消毒后，术者手要控制好深度，一般2~4cm。当针尖刺入腹腔后，手感阻力消失，有空虚感，拔出针芯，腹腔内液体可自行流出，可以采样做实验室检查。如液体不能自行流出，可插入针芯疏通阻塞物或连接注射器进行抽吸，如有必要，抽吸完毕还可以向腹腔内注入药液来治疗疾病。然后拔出穿刺针，局部涂以碘酊。

（三）注意事项

确实保定动物，注意人畜安全。术者用手恰当控制穿刺针刺入深度，不宜过深，以免刺伤肠管。当腹腔大量积液时，应缓慢、间歇地排液，并注意观察心脏机能状态。用于腹腔冲洗或向腹腔内注入的药液应加温至接近动物体温。

五、膀胱穿刺术

当患畜尿路阻塞或膀胱麻痹时，尿液在膀胱内潴留，易导致膀胱破裂时，须采取膀胱穿刺排出尿液，以缓解症状，为进一步治疗提供条件。

（一）部位

牛、马可通过直肠对膀胱进行穿刺，猪、羊、犬在耻骨前缘白线侧旁1cm处。

（二）方法

将大家畜站立保定，先灌肠排出粪便，术者将事先消毒好的连有胶管的针头握于手掌中并使手呈锥形缓缓伸入直肠，在直肠正下方触到充满尿液的膀胱，在其最高处将针头向前下方刺入，并固定好针头，直至排完尿为止，必要时，也可在胶管外端连接注射器，向膀胱内注入药液。然后，要将针头同样握于掌中而带出肛门。

猪、羊、犬可采取横卧保定，助手将其左或右后肢向后牵引，充分暴露术部。术部剪毛、消毒后，在耻骨前缘或触诊腹壁波动最明显处进针，向后下方刺入深达 2~3cm，刺入膀胱后，固定好针头，待尿液排完后拔出针头，术部碘酊消毒。

（三）注意事项

防止针头滑脱，多次穿刺容易引起腹膜炎和膀胱炎，因此固定好针头特别重要。牛努责严重时，不能强行从直肠内进行膀胱穿刺。

六、皮下血肿、脓肿、淋巴外渗穿刺术

皮下血肿、脓肿、淋巴外渗穿刺，是指用穿刺针穿入上述病灶，用于疾病的诊断和病理产物清除的一种穿刺方法。

（一）部位

一般肿胀发生后 10~14d 在触诊松软部位进行穿刺。

（二）方法

常规剪毛、清洗、消毒术部。左手固定患处，右手持注射器使针头直接穿入患处，然后抽动注射器内芯，将病理产物吸入注射器内。充分排出积血、积脓，注入消毒药液或抗生素，常可取得较好的疗效。如穿刺不能排出大量积血或积脓时，可行切开术对术部进行严格消毒。在触诊最柔软的部位横向或纵向小切口，注意切口不可过长，避免伤及健康皮肤及肌肉组织。将注射器与软导管相连，注入消毒药液进行彻底冲洗，排出积血积脓，清理创腔，而后注入抗生素，行开放疗法。

血肿、脓肿、淋巴外渗穿刺液的鉴别诊断：血肿穿刺液为稀薄的血液，脓肿穿刺液为脓汁，淋巴外渗液为透明的橙红色液体。

（三）注意事项

穿刺部位必须固定确实，以免术中动物躁动而伤及其他组织。在穿刺前须制订穿刺后的治疗处理方案，如血液的清除、脓肿的清创及淋巴外渗治疗用药品等。确定穿刺液的性质后，再采取相应措施（如手术切开等），避免因诊断不明而采取不当措施。

七、关节腔穿刺法

关节腔穿刺术用于诊断和治疗大家畜的关节疾病，例如，排出积液、注入药液或冲洗关节腔等。

（一）穿刺部位和方法

1.蹄关节滑膜囊穿刺

在蹄冠背侧面，蹄匣边缘上方1~2cm，中线内、外侧1.5~2cm处。从侧面自上而下将针头刺入伸腱突下1.5~2cm。

2.球关节滑膜囊穿刺

在掌骨下端后面，系韧带前面和上籽骨前上方三者之间的凹陷处。针头从外侧（或内侧）由上向下与掌骨侧面成45°在肘关节滑膜囊处穿刺，在桡骨外侧韧带结节和肘突之间的凹陷处，针头向前下方刺入2.5~3cm。

3.冠关节滑膜囊穿刺

在系骨下端后面与屈腱之间的凹陷处。从上向下将针头刺入1.5~2cm。

4.桡腕关节滑膜囊穿刺

在副腕骨上缘，腕外屈肌腱前方与桡骨下后方的凹陷处。针头由上向下刺入2.5~4cm，抵达桡骨为止。

5.肘关节滑膜囊穿刺

在桡骨外侧韧带结节和肘突之间的凹陷处。针头向前下方刺入2.5~3cm。

6. 腔距关节滑膜囊穿刺

一般在前内面的关节囊进行，位于趾长伸肌腱和跗关节内侧长韧带之间的凹陷处。在关节的屈面，胫骨内踝的下方刺入 1.5~3cm。

7. 股膝关节滑膜囊穿刺

在膝外直韧带与膝中直韧带之间的凹陷处。针头稍向上方刺入 3~4cm。

（二）注意事项

关节穿刺时必须严格消毒以防感染，确实保定患病动物。当针头正确刺入关节腔时，可见有液体流出，如无液体流出可压迫关节囊或用注射器抽吸，但不可过深地刺入关节腔内，以防损伤关节软骨。

参考文献

毕一鸣.2015.我国基层兽医服务体系研究[D].咸阳:西北农林科技大学.

蔡丽娟.2005.兽医职业与执业兽医制度研究[D].南京:南京农业大学.

曾月妍.2013.犬猫皮肤真菌病的调查与临床诊疗研究[D].咸阳:西北农林科技大学.

陈强.2017.犬细小病毒病临床诊疗及主要病毒基因的克隆与表达[D].贵阳:贵州大学.

陈悦.2017.兔用复合麻醉制剂的研制及其麻醉效果观察[D].哈尔滨:东北农业大学.

邓俊良.2007.兽医临床实践技术[M].北京:中国农业大学出版社.

龚寒春.2017.融安县犬猫皮肤病病因及治疗效果调查[D].南宁:广西大学.

顾春煊.2011.宠物犬、猫几种临床病例的生化及病理分析[D].上海:上海交通大学.

郭宏彬.2016.超声在诊断犬肝脏疾病中的应用[D].长春:吉林大学.

郝景锋.2013.奶牛酮病对急性期反应蛋白HP、SAA影响的研究[D].长春:吉林农业大学.

霍俊元.2018.CT在小动物临床的初步应用研究及常见疾病影像表现[D].长春:吉林大学.

贾皓.2009.加拿大兽医人员管理制度研究[D].呼和浩特:内蒙古农业大学.

贾燕.2017.京呼地区两家宠物医院门诊病例临床流行病学的调查与分析[D].呼和浩特:内蒙古农业大学.

雷宇平.2007.兽医临床操作技巧[M].北京:中国农业出版社.

李鹏 . 2011. 关于中国兽医法立法的研究 [D]. 呼和浩特：内蒙古农业大学 .

李瑞红 . 2005. 官方兽医组织机构研究 [D]. 呼和浩特：内蒙古农业大学 .

李天伟 . 2006. 犬皮肤真菌病和蠕形螨病的流行病学调查与临床诊疗研究 [D]. 南京：南京农业大学 .

梁冉 . 2017. 罗清生与中国现代兽医学发展研究 [D]. 南京：南京农业大学 .

陆强 . 2014. 中国兽医图书出版战略研究 [D]. 北京：中国农业大学 .

欧剑锋 . 2016. 台湾农业职业教育发展研究 [D]. 长沙：湖南农业大学 .

裴亚星 . 2017. 河南省执业兽医现状调查 [D]. 郑州：河南农业大学 .

任建鸾 . 2006. 动物医学专业实践教学模式的改革与创新研究 [D]. 南京：南京农业大学 .

宋文华 . 2014. 兽医临床诊断与治疗技术 [M]. 长春：吉林人民出版社 .

田瑞斌 . 2011. 湖南省芷江县兽医体制现状调查及改革探讨 [D]. 长沙：湖南农业大学 .

翁崇鹏 . 2014. 我国兽医法律体系框架及兽医人员立法研究 [D]. 扬州：扬州大学 .

吴俊 . 2013. 犬子宫蓄脓症诊断与治疗方法的研究 [D]. 合肥：安徽农业大学 .

吴荣富 . 2006. 对我国兽医管理体制改革的探讨 [D]. 南京：南京农业大学 .

夏兆飞 . 2014. 兽医临床病理学 [M]. 北京：中国农业大学出版社 .

姚卫东，戴永海 . 2008. 兽医临床基础 [M]. 北京：中国农业大学出版社 .

尹柏双，郝景锋 . 2015. 兽医临床诊断学 [M]. 延吉：延边大学出版社 .

尹文文 . 2009. 奶牛疾病智能专家诊疗系统研究 [D]. 呼和浩特：内蒙古农业大学 .

张涛 . 2014. 兽医临床诊疗技术 [M]. 银川：宁夏人民出版社 .

张洋 . 2014. 我国兽医行政管理体制探究 [D]. 昆明：云南师范大学 .

赵涛 . 2010. 新兽医体制下的兽医职业教育模式研究 [D]. 武汉：华中农业大学 .

周豪 . 2018. 犬糖尿病随机血糖诊断切点的确立及危险因素的探讨 [D]. 长春：吉林大学 .

朱绯 . 2017. 中国近代兽医发展研究（1904-1949)[D]. 南京：南京农业大学 .

朱金凤，王怀友 .2007. 兽医临床诊疗技术 [M]. 郑州：河南科学技术出版社 .